潍县乐道院研究与保护

孟令谦　甘信魁　著

山东大学出版社
SHANDONG UNIVERSITY PRESS
·济南·

图书在版编目(CIP)数据

潍县乐道院研究与保护/孟令谦,甘信魁著. --济
南:山东大学出版社,2023.9
ISBN 978-7-5607-7923-2

Ⅰ.①潍… Ⅱ.①孟… ②甘… Ⅲ.①教堂-宗教建
筑-保护-研究-潍坊 Ⅳ.①TU252

中国国家版本馆 CIP 数据核字(2023)第 177337 号

责任编辑　毛依依
封面设计　泽坤广告

潍县乐道院研究与保护

WEIXIAN LEDAOYUAN YANJIU YU BAOHU

出版发行　山东大学出版社
社　　址　山东省济南市山大南路 20 号
邮政编码　250100
发行热线　(0531)88363008
经　　销　新华书店
印　　刷　济南巨丰印刷有限公司
规　　格　889 毫米×1194 毫米　1/16
　　　　　17.75 印张　300 千字
版　　次　2023 年 9 月第 1 版
印　　次　2023 年 9 月第 1 次印刷
定　　价　90.00 元

前　言

19 世纪中后期,英、美、法等西方主要国家相继完成了第一次工业革命,社会生产力大幅提高,对资源的渴望越发强烈,殖民侵略的思想逐渐形成。而此时的中国民生凋敝、官场腐败、国力衰退,无法阻止西方国家的政治、经济、文化的侵略,逐步进入半殖民地半封建社会。

潍县,山东中部一个历史悠久的古县城,在 19 世纪末迎来了几位美国传教士,他们在潍县县城的东南方购置土地,建设传播基督教义的场所,是为"乐道院"。乐道院经过初建、焚毁、重建的艰难历程,最终形成集传教、医疗、教育于一体、规模庞大的活动场所,对山东尤其是昌潍地区社会、经济、文化的发展起到了较大的作用。抗日战争爆发后,日军占领潍县,将乐道院改造成关押美、英等国侨民的集中营,它成为亚洲最大的集中营。在那段时期,侨民历经苦难,潍县人民为其提供帮助,帮其改善生活条件,体现了伟大的国际主义精神。新中国成立后,乐道院被人民政权接管,进入了新的历史时期。

在今天山东省潍坊市奎文区虞河路西侧虞河南岸散落着几座中西结合式的近代建筑,这就是著名的潍县乐道院(也称"潍县西方侨民集中营旧址")。2019 年 9 月,潍县乐道院被中宣部公布为全国爱国主义教育示范基地,2019 年 10 月 16 日被国家文物局公布为第八批全国重点文物保护单位。2020 年 9 月 3 日,乐道院潍县集中营博物馆开馆。2022 年 11 月 29 日,潍县乐道院入选山东省第二批革命文物名录。乐道院是日本侵华历史和日本军国主义暴行的重要见证,是国际主义合作的典范,是潍坊开展国际交流的重要窗口,在中西文化交流中发挥着重要作用。

党的十八大以来,国家、省、市文物部门在政策、资金方面给予倾斜,国家文物局、山东省文化和旅游厅先后批复了《潍县乐道院暨西方侨民集中营旧址——十字楼、文华楼修缮保护方案》《潍县西方侨民集中营旧址保护修缮工程方案》《潍县西方侨民集中营旧址保护规划》等。工程的

1

实施严格遵循"不改变文物原状"的基本原则,真实、完整地保存其历史信息及价值,有效保护历史和文化环境,同时尽可能将其转化为可用资源,为乐道院的有效利用打下坚实基础,取得了良好的效果。

2022年7月,全国文物工作会议在北京召开。为适应新时代文物工作的要求,会议将文物工作方针由"保护为主、抢救第一、合理利用、加强管理"调整为"保护第一、加强管理、挖掘价值、有效利用、让文物活起来"的22字方针。潍县乐道院研究与保护项目正是在新的文物工作方针指导下完成的。本书全面阐述乐道院的建立、发展与演变进程,分析乐道院各建筑的建筑特征,深入挖掘其价值内涵,系统剖析病害类型及成因,针对性地提出保护措施,并就乐道院的有效利用进行积极的探索。本书是对多年保护工作的总结及拓展研究,将为科学全面认识潍县乐道院、保护乐道院、利用乐道院起到积极作用。全书约30万字,其中孟令谦负责约15万字,甘信魁负责约15万字。正文插图多为作者拍摄、绘制及乐道院潍县集中营博物馆提供,少部分来自网络。附录中的乐道院实测图均为作者绘制。

习近平总书记在党的二十大报告中作出加大文物和文化遗产保护力度的重大部署。立足当下,深感文物保护责任重大;面对未来,文物保护面临着前所未有的机遇。我们将勇抓机遇、勇担责任,不断提升文化遗产保护利用水平,推动中华优秀传统文化创造性转化和创新性发展。

孟令谦
2023 年 7 月

目　录

研　究　篇

保 护 篇

附 录

研究篇

为更好地认识乐道院、了解乐道院、熟悉乐道院，研究篇主要对乐道院建立的国际、国内背景进行综合分析；对乐道院建立、发展与演变的过程进行梳理，主要包含乐道院的建立，乐道院的重建、扩建，十字楼的建设，乐道院的传教活动，乐道院的医疗活动，乐道院的教育活动，乐道院的革命活动，集中营时期的乐道院以及新中国成立后的乐道院9部分内容；对全国重点文物保护单位——潍县西方侨民集中营旧址的文物构成进行详细描述；对乐道院的历史价值、艺术价值、科学价值、文化价值和社会价值进行综合评估；对乐道院现存文物建筑的营造特征进行系统介绍。

第一章　乐道院建立的背景

一、国际背景

18 世纪 60 年代,英国率先发起工业革命,开创了以机器代替手工劳动的时代。18 世纪末到 19 世纪初,法国、美国开始了工业革命。19 世纪中期前后,工业革命在西欧和北美轰轰烈烈进行的同时,也在向世界其他地区不断扩展,俄国、日本等国家也陆续开始了工业革命。工业革命最终确立了资产阶级对世界的统治地位,这不仅是一次技术改革,更是一场深刻的社会变革。

二、国内背景

(一)全国性背景

1840 年,鸦片战争爆发,面对西方列强的坚船利炮,清政府战败,并与英国签订了丧权辱国的《南京条约》(见图 1.1),紧闭数百年的中国国门被打开,开放了广州、厦门、福州、宁波、上海 5 处为通商口岸,中国开始沦为半殖民地半封建社会。19 世纪 50 年代,英、法、美等国发动了侵略中国的第二次鸦片战争,清政府被迫签订了《天津条约》《北京条约》等一系列不平等条约,增开汉口、九江、南京、镇江、牛庄、登州(蓬莱)、台南、淡水、潮州、琼州、天津 11 处为通商口岸。按照《天津条约》的规定,山东地区只开放一个通商口岸——登州,但由于登州港口水浅,并且没有船舶避风场所,后由烟台代替登州。烟台也因此成为山东第一个开埠的城市。

沿海城市开埠后,西方社会的各种人群、社会团体开始进入中国,他们在政治、军事、经济、文化、宗教等领域影响着中国,同时也改

图 1.1　中英签订《南京条约》(图片来自网络)

变了中国的建筑风格(见图 1.2、图 1.3)。以砖石木结构为基础的西方建筑体系开始逐步取代以木构架为基础的中国古代建筑体系,并向钢筋混凝土和钢结构过渡。进入 20 世纪,无论是西方列强主宰的租界、租借地、铁路附属地,还是中国官方主导的公共建筑、民间资本主导的商业建筑,都盛行洋风,正如邓庆坦教授在讲义中所言,"西方建筑文化的横向传播打断了中国传统建筑文化的纵向延续",中国传统建筑文化处于全面衰退之中。如今,中国大地上仍存在大量的近代建筑,它们是中国传统建筑衰退、西方建筑体系在中国兴起的有力证据。

图 1.2　青岛德国总督楼旧址(迎宾馆)

图 1.3　中国人装扮的西方传教士

(二)清末民初的潍县

潍县是山东省潍坊市市区解放前的旧称,自古为东莱首邑、北海名城。明清乃至民国时期,潍县经济繁荣。乾隆年间曾有"南苏州、北潍县"的说法,曾在潍县任职的郑板桥更是留有"三更灯火不曾收,玉脍金齑满市楼。云外清歌花外笛,潍州原是小苏州"的诗句,成为当时潍县社会民生的绝佳写照。民国时期,潍县更以"二百支红炉、三千砸铜匠、九千绣花女、十万织布机"名扬天下。

潍县历史悠久,文化底蕴深厚。潍县的建城史,最早可追溯到汉代。据史料记载,汉代创建土城,时称北海郡。潍县县城大规模建设是在明代。潍县人提及古城,一般是指潍县县城,也称"主城"或"西城"。从明代成化年间开始,东关逐步建成坞墙屹立于白浪河东岸。明成化至清康熙年间(1465—1722 年),东关四周陆续建起了土围墙,各通道出口建有八个阁子,称"八阁围子墙"。

东城的坞墙沿河而筑,蜿蜒曲折,状如盘蛇,与主城相对,遂使潍县呈现一县双城的格局。崇祯十二年(1639年),潍县县令邢国玺下令,将城池砌为石城,增强了城池的防御力。其后又经清代数次修缮,最终形成布局严谨、轴线对称的县城。潍县县城以县治前街为中心,共分布街道48条,并建有衙门、察院、城隍庙、关帝庙、书院、考院、文庙等。清咸丰十一年(1861年)至同治六年(1867年),东关重新修建坞墙,其坞内面积向周边扩展了约30%。新建成的坞墙设七个坞门,都有谯楼。临河从南至北设奎文、庆城、通济、耀武四个坞门,各有一桥与潍城相通。于是东关坞有了"七楼、八阁、九街、十八巷"之称,其城坞规模格局(见图1.4)已近似民国潍县城。

图1.4 潍县城坞模型(拍摄于乐道院潍县集中营博物馆)

与老潍县结下不解之缘的文化名人数不胜数,苏轼、周亮工、郑板桥、陈介祺、范春清、丁锡田……这些文化大家在老潍县留下了许多脍炙人口的故事。风筝、年画(见图1.5)等是潍县的特产,驰名海内外。潍县文风昌盛,科甲蝉联,有清一代,山东共出了6名状元,其中2名出在潍县。

图1.5 潍坊杨家埠木版年画
(图片来自网络)

潍县交通便利。潍县位于鲁中山地以北与莱州湾以南的山前平原地带,是鲁东和鲁西之间以及山东半岛南部与北部之间陆上通道的汇合点,既是山东半岛通往中原地区的必经之地,也是山东半岛与内陆之间经济文化交流的走廊地带。

秦始皇统一六国后,为促进文化、经济发展下令修筑驰道。其中,京东道就经过潍县。19世纪以前,胶东地区与山东西部之间的通道主要包含由羊角沟经小清河到济南的河道,由芝罘经潍县到济南或由胶州经潍县到济南的陆上通道。这两条陆上通道均以潍县为中心。1904年,胶济铁路开通(见图1.6、图1.7),加强了济南与青岛之间的联系,位于青岛与济南中间的潍县(距离青岛约183千米,距离济南约207千米),交通更加顺畅。

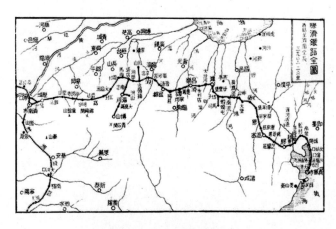

图1.6 胶济铁路全图

(图片来自网络)

图1.7 潍县火车站

(德国弗里德里希·贝麦拍摄于1903年)

潍县工商业繁荣。先秦时期,潍县地区就产生了商业活动。秦代,这里成为京东古道的重要枢纽,商贾聚会,物资集散,堪称胶东咽喉、工商重镇。到了清代,更是呈现出郑板桥所说"东自登莱达济西""若论五都兼百货,自然潍县甲青齐"的繁荣局面。第二次鸦片战争后,烟台等通商口岸的开辟,使胶东地区逐渐成为山东的经济中心之一。烟潍贸易线、胶济铁路、潍台公路等先后得以开辟和建成,新的商路格局形成,潍县正好处在数条商路的交会处,成为山东烟台、青岛、济南三大商埠的连接点,这为潍县区域性商贸中心的发展创造了条件。1904年,清政府将潍县开辟为商埠,形成了以"七东""八丰""八祥"为代表的商号格局,更有以"买不着上潍县,卖不了上潍县"而闻名于周边区域的发达集市贸易。在开埠和对外贸易的双重作用下,潍县的工业化逐渐发展。许多民族企业家抱着"实业救国"的精神,加入潍县的工业化发展中。此时,外资企业在利益的驱使下也纷纷投资建厂,涉及机械、煤炭、烟草、染织、颜料及中西医药等诸多行业,如潍县华丰机器厂（见图1.8）、潍县廿里堡烤烟厂、坊子煤矿、潍县早期的电灯公司、信丰染印公司、裕鲁颜料股份有限公司、大华染织工厂、聚祥永织布厂、惠祥染织工厂、同盛铁厂等，在很大程度上促进了潍县近代工业的发展。

图1.8 潍县华丰机器厂

第二章　乐道院的建立、发展与演变

一、乐道院的建立

清朝末年,中国沿海城市相继开埠,烟台成为早期开埠的城市之一,西方传教士纷纷进入中国传教。1864 年,美国北长老会[1]传教士狄考文[2](见图 2.1)在登州建蒙养学堂。1866 年,郭显德[3]在烟台建立美国北长老会第一个教会。1869 年以后,在郭显德等人的领导下,烟台传教士及中国助手举办了大量的教堂布道和巡回布道活动。随着巡回布道员和中国助手的增加,郭显德在即墨建立了教会,开始到潍县、济南的周边地区进行布道。1881 年,狄乐播[4](见图2.2)从普林斯顿大学神学院毕业后,漂洋过海来到山东登州。1882 年秋,狄乐播携新婚妻子率先抵达潍县,开辟传教点。随后购潍县李家庄西北、虞河南岸土地约 37.5 亩(2.5公顷),历时一年多,建成了集教会、医院、学校于一体的建筑群,四周环以围墙,取名"乐道院"。由于该院建筑具有西式风格,方圆数里的老百姓习惯称之为"洋楼"。

图 2.1　狄考文

图 2.2　狄乐播

[1]美国北长老会(American Presbyterian Mission,North)属于加尔文宗,由教徒推选长老与牧师共同管理教会事务。美国长老会国外传教部成立于 19 世纪二三十年代,1843 年后来华传教,美国南北战争时分裂为南、北长老会,在山东传教的北长老会是近代山东境内势力最大的西方差会。

[2]狄考文(Calvin Wilson Mateer,1836—1908),字东明,美国宾夕法尼亚人,美国基督教北长老会来华传教士。近代教育家、翻译家和慈善家,中国近代科学教育的先驱。在山东从事宣教工作长达 45 年之久,创办了中国第一所现代高等教育机构登州文会馆〔后与广德书院合并为广文大学(齐鲁大学之前身)〕,开设博物馆,传播西方的科学与文化,被誉为"19 世纪后期最有影响的传教士教育家"。

[3]郭显德(1835—1920),本名亨特·考尔贝德(Hunter Corbett),美国宾夕法尼亚人,美国来华传教士。

[4]狄乐播(Rev. Robert M. Mateer,M.D.,1853—1921),美国北长老会来华传教士。本名马蒂尔·罗伯特·姆(Mateer Robert M.),美国长老会传教士狄考文之弟,乐道院创建者。

(一)乐道院的选址

狄乐播之所以将乐道院的建设之地选在潍县,主要有以下四个原因:

第一,受其兄长狄考文的影响。1865年,狄考文与郭显德自登州前往济南,途经潍县,被潍县的繁华景象深深吸引。此时的狄考文产生了在潍县建立教堂、传教布道的想法。数年后,狄考文在其好友李始元的协助下,再一次来到潍县,并对潍县进行了全方位的考察。但狄考文在潍县传播基督教的想法最后并未实施,原因不明。

第二,潍县是山东东西交通的重要枢纽,文化底蕴深厚,交通便利,各方面都非常吸引外国传教士的目光。据《文会馆志·选录卷三·广文学堂简章》记载:"文会馆迁于潍邑,更名广文,一切规则课程,与时俱易……本堂地址,谨择于山东之潍城东南约五里许,质地一区,中亩二十余亩。北枕虞河,南环雷鼓,地宽而平,水浅而清,实胶济铁路往来之通衢也。本堂之设于兹,庶无负有志向学者来游之便。"

第三,潍县自然环境优越。潍县地处山东半岛中部、渤海莱州湾南岸、昌潍平原腹地,地势平坦,土地肥沃,物产丰富,并属暖温带大陆性半湿润季风气候,冬冷夏热,四季分明,阳光充足,优越的自然环境非常适合人类在此生产、生活。

第四,1904年,潍县被开辟为商埠,城内商号云集,商品琳琅满目,发达的潍县工商业能为西方传教士提供便利的生活条件。

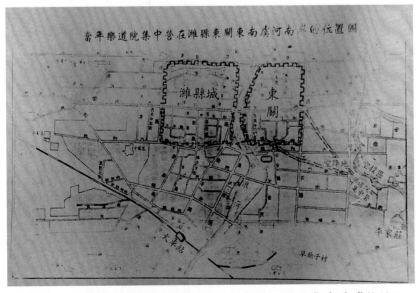

图2.3 乐道院在潍县的位置(拍摄于乐道院潍县集中营博物馆)

狄乐播最初的想法是在潍县县城内购置房产,但当地人坐地起价,价格倍增。于是,在当时正于潍县传教的教友李福元的帮助下,到城外寻找,恰在当地农民通往城里的主干道旁寻到一块理想的地块。该地块位于城东南方向约1.6千米,在虞河南岸李家庄的西北(见图2.3)。然后,他们回到烟台做买地的准备工作。

(二)乐道院初建历程

由于中国传统文化与西方文化之间存在巨大的差异,民众多习旧风,反洋排外的习俗甚浓,潍县当地老百姓甚至乐道院周边的居民对乐道院这个"洋寺庙"不甚认可,加之受通往乐道院的道路崎岖等因素的影响,初建时的乐道院门可罗雀。为了扭转不利的局面,狄乐播夫妇改变思路,利用医疗和教育服务当地老百姓,从而打开了局面,扩大了乐道院在当地的影响力。

初建成的乐道院占地面积约1.1万平方米,按功能划分为教会、诊所、学校三大部分。传播基督教是乐道院最主要的功能,具体事务由狄乐播夫妇亲自掌管。

刚刚建立的乐道院医院(见图2.4)面临重重困难:在潍县县城内设点遭当地有名望的中医及市民抵制,医疗设备简陋且不充足,缺乏正式的医师和药房。经过几年的发展,乐道院医院才正式有了医师、药房。1889年,医院才有了男女分诊的诊所。

1883年,狄乐播创建乐道院男子学校——文华馆,用以招收教徒子弟,学校除教授文化课外,还教授宗教学等课程。1888年,传教士在潍县开办第一所寄宿女校,共有15名学生。1894年,潍县布道站开始筹建女子中学——文美书院(见图2.5)。1895年9月,文美书院开学,共有24名学生,2名中国教师,课程设置仿照文华馆。文美书院是山东地区最早的一所女子中学,使潍县地区妇女逐步得到了受教育的机会。

图2.4　早期的乐道院医院

图2.5　乐道院女子中学——文美书院
(图片摘自《山东潍县广文中学五十周年纪念特刊》)

二、乐道院的重建、扩建

19世纪末期,中日甲午战争以后,欧洲列强又生出瓜分中国的野心。1897年,山东发生"巨野教案",使得山东人民对外国侵略者极为反感,当地人民与基督教会之间的矛盾持续发酵。以"扶清灭洋"为口号的义和团运动在此背景下席卷整个华北大地。

1900年,义和团运动的浪潮波及潍县,乐道院内的外籍传道士纷纷逃往烟台避难。6月25日夜晚,当地义民陈锡庆(又名陈双辰)、于江飞等人趁夜色潜入院内,将乐道院全部焚毁(见图2.6)。据《潍县志稿·通纪二》记载:"二十六年庚子夏五月二十九日晚,匪焚李家庄乐道院。焚死教民朱东光、刘作哲二人,楼房四十二间、瓦房一百三十六间。"

义和团运动被镇压后,狄乐播等传教士重返乐道院。1902年,教会增购土地160余亩(约10.7公顷),准备重建并扩建乐道院(见图2.7)。同年11月,加拿大建筑师亨利·鲍德·戈登(Henry Bauld Gordon)来到潍县。在这里,戈登勘查现场后,开始"划分建筑场地,并为它们制定规划"。但已知的记录并不能提供戈登设计的清晰、完整的建筑清单。具体的施工监督由一位叫W.罗素的先生来完成。1904年,乐道院重建扩建工作基本完成。

图2.6　1900年被焚毁的乐道院　　　　图2.7　重建后的乐道院正门(内侧)

1916年,蔡锷率护国军讨伐袁世凯,战事波及潍县。乐道院成为当地老百姓躲避战事的避难所。战事结束后,当地士绅感念乐道院的救助,特地赠送书有"仁里德邻"四字的匾额。该匾额悬挂在乐道院正门。

(一)重建、扩建乐道院资金来源

狄乐播等传教士从烟台返回潍县后,决定重建乐道院,并将诊所扩建成医院。其资金主要来源于三个方面：

一是清政府赔款。乐道院被焚毁后,在教会控告下,清政府逮捕了陈锡庆等人。经交涉,清政府赔款白银 4.5 万两用于乐道院重建。

二是庚子赔款。《辛丑条约》签订后,清政府向各国赔偿白银 4.5 亿两。美国将部分赔款投入乐道院的重建、扩建中,共计白银 14773 两。

三是捐款。乐道院重建、扩建的资金一部分来自美国教会的捐款,约合白银 3 万两。

综上所述,用于乐道院重建、扩建的总资金约 9 万两白银。

(二)重建、扩建后的乐道院规模

图 2.8　美国人拍摄的乐道院鸟瞰图

1904 年,重建、扩建后的乐道院(见图 2.8、图 2.9)南至李家庄通往东关南门的大道,北至虞河南岸,总占地面积 176.5 亩(约 11.8 公顷),规模宏大,建筑类型繁多。此时的乐道院,被南北走向的中央甬路分割为东西两部分,东半部分为小学部、女生部、医院和道学院等,西半部分为男生部、科学馆、礼拜堂、食堂、运动场等。为防止再遭侵扰破坏,四周加高了围墙,各部门都有院墙互相隔离,各自独立,像是一座连环城堡。

图 2.9　乐道院局部鸟瞰图(学生宿舍及礼拜堂)

(三)乐道院代表性建筑

图 2.10　礼拜堂

重建、扩建后的乐道院的主要功能依然是传教、医疗和教育,这三大部分的代表性建筑分别是礼拜堂、十字楼、大讲堂与科学馆。

礼拜堂(见图 2.10)是一座圆棱形建筑,八角攒尖顶,白墙红色机制板瓦,圆形玻璃窗,是传教士传教、祈祷的场所。

大讲堂(见图 2.11)内有教室十间,办公室三间,会议室一间。前面有钟楼,高七丈余,无线电天线悬于其上,可听东京、大连、上海、南京等处消息。钟楼上悬铜钟,重七百斤,声音洪亮,为全校之号令,十余里外,犹可听闻。

科学馆(见图 2.12)在大讲堂西南,共四层。第一、二层为化学、物理、生物实验室、仪器室及预备室。第三、四层为图书馆,内有阅览室、藏书室和陈列室,走廊为阅报处。馆内有中西文书籍13000 余册,杂志 50 余种,报纸六七种。阅览室可容纳学生 60 余人。

图 2.11　大讲堂

图 2.12　科学馆

乐道院内的礼拜堂、大讲堂、科学馆等主要建筑,应为戈登设计。

三、十字楼的建设

乐道院重建、扩建后,经过长时间的发展,医院医疗设备、医师水平都有了较大的改善,当地百姓也逐渐对西医有了新的认识。但当时的乐道院医院病房普遍低矮,光线不足,通风不良,基础设施较为落后,而且病人多,病床少,医院内拥挤不堪。此时的乐道院医院已不能满足医患的要求。

为适应发展的需要,扩大医院规模迫在眉睫。1923年,乐道院基督教医院院长梅仁德医生(见图2.13)专程返回美国,为医院筹集扩建资金。资金筹措后,乐道院便对医院进行了再次扩建,医院大楼——十字楼的建设是此次扩建中最重要的工程。1924年,十字楼开工建设。1925年,十字楼竣工。

图2.13 梅仁德

(一)十字楼的设计

十字楼的设计完全参照美国匹兹堡市内的桑迪赛德(Shadyside)医院。据美国匹兹堡市长老会桑迪赛德教区档案(教区档案号 REF BX 8951.A3)记载,当时美国匹兹堡市长老会桑迪赛德教区牧师柯尔(Hugh Thompson Kerr,1897—1951)在1922—1923年主持了这个教区捐赠给潍县长老会医院一幢医院楼事宜,除了在乐道院内扩建外,其规模大小、设计式样、各项配备完全参照匹兹堡市内的桑迪赛德医院。

(二)十字楼的材料供应

图2.14 碑石

柯尔牧师要求全部建筑材料由募捐人在美国购买,各项建筑材料包括门窗、地板等均在美国制成后运到潍县。雕刻有"Shadyside Hospital 1924""医院"字样的碑石(见图2.14)同样在美国完成。

(三)十字楼的施工

各种建筑材料运达潍县后,由中国人张同信(张执符)主持建造事务,历时两年完工。

竣工后的乐道院医院大楼,半

地下一层,地上三层,建筑面积 2461 平方米。因平面布局呈"十"字形,故称"十字楼"。十字楼竣工后(见图 2.15),乐道院的基本格局已经形成。

图 2.15　1925 年,竣工后的十字楼

四、乐道院的传教活动

1860 年后,基督教新教开始大规模传入山东,美国北长老会和英国浸礼会等是第一批进入山东的新教差会。到 1954 年,中华基督教会山东大会共有 12 个区会(见表 2.1)。山东势力最大的美国长老会,在全省设立了 9 个传教大区,分区传教。

表 2.1　1954 年中华基督教会山东大会 12 区会分布表

区会名称	负责人	会址	所辖堂口	备注
济南区会 (辖堂会 10)	孙重航 赵孝达	济南市 东关	南关堂会、东关堂会、纬十二路堂会	属济南市
			齐河堂会、禹城堂会、临邑堂会、陵县堂会、德县堂会、济阳堂会	属德州专区
			长清堂会	属泰安专区
周村区会 (辖堂会 5)	黄华亭	张周市	周村堂会、淄博堂会、博山堂会	属淄博市
			河西堂会、桓台堂会	属惠民专区
邹平区会 (辖堂会 5)	翟吉堂	章历县 东关	邹平堂会、齐东堂会	
			章南堂会、章历堂会、张家林堂会	属泰安专区

区会名称	负责人	会址	所辖堂口	备注
北镇区会 (辖堂会16)	刘瑞亭	北镇	滨西堂会、滨中堂会、滨东堂会、北镇堂会、利南堂会、利北堂会、垦利堂会、蒲东堂会、蒲西堂会、博北堂会、博中堂会、博南堂会、高东堂会、高西堂会、高中堂会、青城堂会	属惠民专区
青州区会 (辖堂会5)	张惠亭	益都 西寿院街	益都堂会、河西堂会、府西堂会、临朐堂会、临淄堂会	属昌潍专区
潍安区会 (辖堂会6)	郎宣三	胶济路南流站	潍南堂会、安丘堂会、沙吾堂会、景西堂会	
莱阳区会 (辖堂会15)	万世谦	一说 莱阳县城， 一说十八区 马家泊	赵格庄堂会、宫家庄堂会、张官寨堂会、朱毛堂会、姜格庄堂会、莱阳城堂会、大夼堂会、玉泉庄堂会、石水头堂会、恩格庄堂会、红土涯堂会、汪家疃堂会、水头堂会	属莱阳专区
			即墨城堂会、共芳堂会	属胶州专区
临沂区会 (辖堂会14)	郎益明	临沂 十五区朱陈	朱陈堂会、临沂堂会、郑家庄堂会、吴家屯堂会、沙河堂会、常旺堂会、临南堂会、大山前堂、会集前堂会、大哨村堂会、庄鸣堂会、中村堂会、郯城堂会、郯城东村堂会	属临沂专区
东海区会 (辖堂会4)	乔苓华	青岛市	东海区会	属青岛市
			毓璜顶堂会	属烟台市
			蓬莱堂会、郭城堂会	属莱阳专区
昌潍区会 (辖堂会15)	张寅生	潍坊市 乐道院内	乐道院堂会、坊子堂会、院南堂会、院北堂会、渤南堂会、潍坊市西南关堂会	属潍坊市
			曹家堂会、潍东堂会、高里堂会、昌中堂会、昌北堂会、饮马堂会、潍西堂会、泽西堂会、昌东堂会	属昌潍专区

区会名称	负责人	会址	所辖堂口	备注
乐寿区会 (辖堂会14)	王重生	潍坊市 乐道院内	寿光城堂会、寿北堂会、方吕堂会、寿西堂会、寿东堂会、尧水堂会、昌乐北堂会、昌乐南堂会、乐义堂会、淄水堂会、三合西堂会、益寿堂会、广饶堂会、寿南堂会	属昌潍专区
胶东区会 (辖堂会27)	周恒业	青岛市 济阳路	同道堂会、湛山支堂、仲家洼堂会、太平镇支堂、济阳路济阳路堂会、广饶路堂会、四方堂会、南北岭堂会、黄石头堂会、石沟堂会、吴家村堂会、小阳路堂会	属青岛市
			袁庄堂会、北岭堂会、太祉庄堂会、吕哥庄堂会、宛上支堂、官庄支堂、章家埠堂会、王支堂、高密东关堂会	属胶州专区
			兰底支堂、麻岚支堂、鲁家丘堂会、宋哥庄堂会、郭家店堂会、沙沟堂会	属莱阳专区

资料来源:山东省情数据库宗教库。

从组织形式上看,山东的基督教新教差会,大都分大区教会、县区教会和布道所等几个层次。大区教会是新教差会在一个较大区域内进行各种传教活动的中心,也是该区域内传教活动的大本营,一般都设有直接开展布道活动的教堂,还有教会办的学校、医院、药房以及培养中国布道人员的附属事业,详见表2.2。

基督教会在山东传播基督教,广为建设教堂、学校、医院等设施。由于时间久远,加上历史因素的影响,许多建筑被毁坏、拆除,但亦有部分建筑作为文化遗产依然留存在齐鲁大地上。在山东省省级及以上文物保护单位中,山东教会建筑有50余处。

传教是美国基督教北长老会在潍县创办乐道院的主要目的。传教士传教布道的方式主要有以下三种:

第一种是教堂布道。教堂布道是乐道院布道活动的中心内容。乐道院设有教堂,教徒们每到星期日都会聚集在教堂内诵经、唱诗、听传教士布道。每逢基督教的节日,教徒们也会在教堂内相聚,举行一些庆祝活动。

表 2.2　新中国成立前中华基督教会山东大会各区会附属事业一览表

会别	区会名称	教育事业					神学	医院	社会教育团体
		高等学校	中等学校		小学				
			男校	女校	学校数目	学生人数			
美国北长老会	东海区会	文会馆						毓璜顶医院	
	济南区会	齐鲁大学	济美中学	翰美中学	30余处		齐鲁神学院	济南华美医院	
	胶东区会		崇德中学	文德中学	14处			诊所4处	
	潍安区会	广文大学	文华中学	文美中学	共有男女学校89处	1000人		乐道院医院	
	乐寿区会								
	昌潍区会								
朝鲜长老会	莱阳区会				1处				
英国浸礼会	青州（益教）区会	广德书院	守善中学	崇道中学	1926年计有159处	1989人	培真学校	青州广德医院	博古堂、青年会
	邹平区会		光被学堂				明道神学院	邹平复育医院	
	周村区会		光被中学					周村复育医院	博物馆、青年会
	北镇区会		鸿文中学	鸿德女中				北镇鸿济医院	
	济南特区				1处				广智院
备注	1.蓬莱"文会馆"、济南"齐鲁大学"所在地虽在东海区会、济南区会范围，但并不属于该区会。1904年"文会馆"与青州区会的"广德书院"合并迁入乐道院，定名"广文大学"。1917年"广文大学"与青州培真学校神学科、济南共合医道学堂合并，在济南成立"齐鲁大学"。 2.英国浸礼会因拒绝立案，将青州"守善中学"改为"守善工农神学院"，周村"光被中学"改为"明道神学院"，北镇"鸿文中学"改为"鸿文工农道学院"（1930年）。								

资料来源：山东省情数据库宗教库。

第二种是乡村旅行布道。旅行布道是和教堂布道相辅相成的重要手段。早期的旅行布道吸引了一定数量的农民对基督教产生兴趣,造就了最初的问道者、望道者和教徒,为新教教会建立乡村教会奠定了基础。乐道院的医院还利用节假日派护士、学校学生"送教下乡",拓展基督教的活动空间,扩大教会的影响力。

第三种是通过乐道院学校、医院等世俗事务的开展来扩大教会的影响。乐道院内的学校、医院均将传教与发展教徒作为日常工作的重点。正如狄考文所说:"教育主要是为教会提供有效而可靠的教牧人员,为教会提供牧师,通过这些人,把西方的优良教育介绍给中国。"乐道院内的各类学校均开设基督教课程,如"旧约概论""新约概论""宗教史"等。乐道院的门诊、病房也是传教士发展教徒的重要场所。传教士们总是不失时机地向病人讲经传道,千方百计地争取病人及病人家属信教并成为教徒。狄乐播病逝后,其妻狄珍珠掌管教会事务。狄珍珠卒后,樊都森接任。后有美国牧师芮道明、吴牧师、梅戈登等先后继任。潍县解放后,乐道院的教会停止活动。

1904 年,胶济铁路全线通车后,山东各城市之间的联系更为方便、密集。乐道院是昌潍区会、乐寿区会会址的所在地,下辖堂口 29 个,成为昌潍、乐寿一带基督教的传播中心。

五、乐道院的医疗活动

鸦片战争后,大批西方传教士漂洋过海来到中国。传教士们在这片古老的土地上传教布道的同时,也带来了西方先进的医学理念和技术。昌潍地区医学的近代化亦是从乐道院医院开始的。

潍县乐道院医院的发展大体可分为 1883—1900 年的建院初期、1900—1925 年的发展期和十字楼建成后的乐道院医院三个阶段。

(一)1883—1900 年的建院初期

1883—1900 年,乐道院医院建院初期医院设备简陋,医务人员匮乏,将其称之为诊所更为贴切。起初,狄乐播牧师聘请了洪威廉和丁珍珠两位医生。医学博士洪威廉是美北长老会派遣到乐道院医院的第一位外国医生。此后,又有多名医生来到潍县从事行医、传教工作。此时仅有部分中国人可从事护理工作。诊所开诊后,以救死扶伤为己任,从常见的消化系统及眼耳五官疾病开始,逐步扩大医疗诊治范围,包括贫血、风湿病、乳腺病等,加之西医费用低、见效快等特点,对从前潍县人颇为依赖的中医造成了直接冲击。19 世纪末,义和团运动波及潍县,受其影响,外国传教士、医生等纷纷撤离逃亡,医院工作全面停止。

(二)1900—1925年的发展期

1900年,乐道院毁于一旦后,狄乐播重建并扩建了乐道院。此后,乐道院医院迎来了较快的发展阶段。医疗活动虽仍以门诊为主,同时逐渐附设简易病房,部分病号可以住院。男、女患者分开诊治的格局也在这个时期逐渐形成。1913年,乐道院医院逐渐接收中国籍医生,但该医生必须是教会人员,如杨秀山、张同信、罗友清等。随着医疗设备的改善、医务人员数量的增加,医院的医疗水平也在日益提高。民国初年,医院接诊数量每年达1万余人次。1918年,医院已能做各种外科手术,如白内障摘除术、全眼球摘除术、截肢术、碎胎术、胸骨切除术、乳腺癌切除术、食道狭窄扩张术、虹膜切除术、乳窦手术等。当年医院的手术量104项、501人次,全麻229例。医院快速发展的同时,也暴露了其护理力量不足的问题。1918年1月,乐道院医院自办护士学校一所,专门培训护理人员,该校是潍县第一所护士培训学校。医院医生温特·J.布朗(Winter J.Brown)教授医疗基础知识,如解剖学等,巴路得女士为他们提供卫生、生理学和初级保健治疗方面的指导。学员毕业后即留院成为正式护士。1925年,医院护士学校成功加入"中华护士协会"(China Nurses Association,CNA),该护校一直延续到潍县解放后,并更名为"潍坊特别市乐道院医院护士学校",成为正规护士学校(见图2.16)。

图2.16　1948年潍坊特别市乐道院医院护校新生加冠纪念

(三)十字楼建成后的乐道院医院

1924年,医院病房大楼开始建造,当时美国匹兹堡长老会桑迪赛德教区捐款人要求医院名称与美国该教区医院同名,即为"Shadyside Hospital",并在教区档案中按"Shadyside Hospital"记录。这也是对十字楼楼房基石刻有"Shadyside Hospital 1924"字样最好的解释。

1925年,医院病房大楼建成,乐道院医院举办新大楼落成典礼,对外仍称"潍县基督教医院"。潍县各界社会名流百余人纷纷到场祝贺并合影留念(见图2.17)。

病房大楼可容120张床位,医务人员已超过80人,设有暖气、化验室、设备较齐的手术室。

医院还有当时国内少有的 X 光机,由美国大夫乔因森博士(Dr.Joinson)兼任 X 光医生。依托较为先进的技术,乐道院医院已经能够实施复杂的腹部手术,如肾脏、肠穿孔、肠梗阻等手术。医院病床不再短缺,也不再实行男女分院,甚至当时病房还分特等、二等、三等,不同等级收费也不同,特等病房每天收住院费 5 块大洋、陪床费 2 块大洋。匹兹堡市的桑迪赛德教区每年还向医院提供资助,医院不断获得美方私人募捐,增加了照明、取暖设施,医院开始步入现代化历程。

图 2.17　1925 年山东潍县基督教医院开幕纪念

　　在国民政府的推动下,1925 年,医学博士张同信(张执符)被任命为山东潍县基督教医院首位中国籍院长。医院内有美籍外科医生梅仁德、内科医生章和鸣、护士长露斯·A.布兰克、护士梅马大,还有几位中国医生。这时的乐道院医院已成为胶东一带规模大、档次高的医院,远近前来就诊者日增。

　　随着医院的发展,医院内部的矛盾也逐渐发酵,职工内部分为两派:一派为医院传统外国势力的守旧者,一派为青年职工接受先进思潮的改革者。1929 年冬,两者矛盾因交接班制度而爆发,由最初的口水仗逐渐演变成肢体冲突。金素兰护士为维护医院职工的正当权益发动罢工,这一事态导致医院工作处于半瘫痪状态,院史上称之为"罢工风潮"。梅仁德不顾病人安危,直接宣布关闭医院,开除全体中国职工,医院全面停诊。1930 年秋,梅仁德经半年多筹措,调整病房与门诊安排,并担任院长。凡参加"罢工风潮"的人员全被解聘,新职工上岗后医院开业应诊。太平洋战争爆发后,乐道院被日军占领,医院再次关闭。

据纪念潍县基督教医院建院 50 周年报告,自 1883 年开诊至 1933 年,医院总共收治 3500 个住院病人,募捐收入 81568 美元,护士学校登记学生 2204 名。潍县基督教医院的建立为当时的潍县百姓提供了一种全新的就医方式,改变了潍县地区传统的中医医疗格局,促进了西医在中国的发展繁荣。

抗日战争胜利后,乐道院医院仍属教会财产。1946 年 1 月 1 日,医院正式开业应诊,继续为潍县人民服务。1948 年,潍县解放后,梅仁德离开潍坊前往上海。4 月 9 日,党组织派王人三等人组成的工作组接管医院。医院也更名为“潍坊特别市乐道院医院”。1949 年 10 月 1 日,中共医院党支部率领全院职工在十字楼门前举行庆祝中华人民共和国成立升旗仪式(见图 2.18)。

图 2.18　1949 年 10 月 1 日,中共医院党支部率领全院职工在十字楼门前举行庆祝中华人民共和国成立升旗仪式

六、乐道院的教育活动

中国这片古老的土地深受 2000 余年儒家文化的熏陶,读圣人之书,行孔孟之道,在每个老百姓的心里占有很大的比重。

潍县不仅工商业发达,而且文风昌盛,科甲蝉联。民间普遍重视教育,有清一代,山东共出了 6 名状元,其中 2 名出在潍县。清末民初,当西方传教士来到深受儒家思想熏陶的潍县,他们发现若想让西方的思想、文化在这里生根发芽,仅仅依靠传播基督教义是行不通的。开设学堂,传授科学文化知识的同时,传播西方思想、文化是不错的选择。

(一)乐道院小学

乐道院学校建立之初,以中学教育为主,小学教育的发展相对较晚。1922 年,为适应形势发展的需要,文美女中校长李恩惠和美国人阮芝仪一同在乐道院开设了小学,校址在文美女中北部,是为"模范小学"。1926 年,模范小学改称"培基小学"。此外,乐道院内还开办过妇女道学院、幼稚园及圣经学院。妇女道学院以宗教课程为主。

(二)乐道院中学

1883 年,乐道院成立之时就建设了学校,当时只招收男生,称为"文华馆",狄乐播任第一任文华馆的校长。1894 年学校升格为中学,1895 年潍县布道站给海外宣教部的信中正式使用"The Weixien Boys Academy"这一名称,中文名为"文华书院"。同年,乐道院设立了专收女生的"文美书院",宝安美(E.Baughtow)女士任第一任文美书院的校长。当时的学生全部是基督教徒的子女(见图 2.19),学校招收的人数有限。在校学习的内容,除了文化课程以外,还有宗教学。读经和祷告也是在校期间不可或缺的内容。

图 2.19 1898 年,文美书院第一届毕业生

1900 年,义和团运动爆发,乐道院学校遭焚毁,学校停止授课。1901 年春,传教士陆续返回潍县,恢复重建各项传教事业,重新开办文华学院。1902—1903 年,文华学院在读学生恢复至 30 人。1903 年,学校英文名改为"Point Breeze Academy for boys"。1915 年,学校改称为"文华中学"。

1913 年,女校文美书院改称"文美女子中学"(简称"文美女中"),此时的文美女中已经将学制从三年改为了四年,并且增加了师范课程,目的是使女生毕业后能够具备教授小学的资格和能力。

1931 年,文华中学、文美女中与培基小学合并成为"广文中学",并向国民党山东省教育厅正式立案。1933 年,广文中学举办了 50 周年校庆,并出版了《山东潍县广文中学五十周年纪念特刊》(见图 2.20)。时任国民政府主席林森、山东省教育厅厅长何思源、山东省建设厅厅长张鸿烈、青岛市市长沈鸿烈、齐鲁大学校长朱经农、潍县县长厉文礼等政要均对广文中学成立 50 周年表示祝贺。潍县各地名流也纷纷亲临祝贺。

1937 年,卢沟桥事变后,全民族抗战爆发。当时的美国对战争保持中立的态度。得益于狄乐播夫妇美国公民的身份,加上他们

图 2.20 《山东潍县广文中学五十周年纪念特刊》

与日军进行了交涉,故日军并未占领乐道院,广文中学照常上课,有近 800 名学生。此时的乐道院成了躲避日军、伪军侵害的避难所,但是里面鱼龙混杂,秩序混乱。1938 年 1 月,校长黄乐德整顿乐道院,借用《圣经》的名义办"圣经学院"。学院分小学部和中学部,其中小学部设六个年级,中学部分男生部和女生部。学员近 300 人。

1941 年,太平洋战争爆发后,日军占领乐道院,并将其改造成关押美、英等西方国家侨民的集中营,学校停办。1945 年,抗日战争取得胜利,学校重新开办。1952 年 11 月,潍坊市政府正式接管广文中学,将其改名为"山东省潍坊市第二中学"。

早期的乐道院学校,除了教授学生中西文化课程外,还要求学生学习宗教学,并在学校的生活中增设读经和祷告的内容。广文中学建立后,学校狠抓教学质量,聘请齐鲁大学等学校的毕业生和知名老师来校任教。开设的课程包括国文、历史、地理、生物学、物理学、化学(见图 2.21)、算术(见图 2.22)、卫生学、社会学、英文、音乐、体育(见图 2.23)、图画等,办学方式中西结合。同时注重学生道德修养的教育,确立了德、智、体、群四育并举及学用结合的办学宗旨,为学校制定了"互助、服务、牺牲"的校训,教学理念较为先进。由于 20 世纪 30 年代正值日本侵华时期,为了增强学生体魄,广文中学为高中生增加了军训课程。

图 2.21　广文中学化学实验课

图 2.22　数学教材(拍摄于乐道院潍县集中营博物馆)

图 2.23　体育活动

除了学习文化课,劳动、趣味体育赛事、自行车赛、竞走、篮球赛、网球赛、排球赛、撑竿跳、掷铁饼、演讲比赛等是乐道院中学生活的重要组成部分,内容丰富多彩。

(三)广文大学

20 世纪初在中国华北地区爆发的义和团运动对

中国境内的西方教会建筑进行了巨大的破坏。乐道院也未能幸免，各类设施被严重损毁。义和团运动被镇压后，传教士们对教会学校的性质、作用、地位等问题进行了思考，他们决定整合教会现有资源，发展高等教育，提高高等教育办学水平，以便进一步传播和发展基督教。

此时，山东境内教会学校以中学为主，较为知名的高等教育学府有登州的文会馆和青州的广德书院，分别由美国基督教北长老会狄考文和英国浸礼会库寿龄创办。

为了整合基督教会现有高等教育资源，1902 年 6 月 13 日，英国浸礼会和美国北长老会在青州召开会议。会议决定组成联合校董会，共同建立由潍县的广文大学(文理科)、青州广德书院(神学班和师范班)和济南的共合医道学堂组成的山东基督教共合大学。

1904 年，胶济铁路的建成通车极大改善了潍县的交通状况，潍县的发展前景更为广阔。经慎重考虑，联合校董会决定将文会馆迁至潍县乐道院，与广德书院大学部合并，取两所学校校名首字，是为"广文学堂"，后改称"广文大学"。学校的英文名称由"山东新教大学"(Shantung Protestant University) 改为"山东基督教大学"(Shantung Christian University)，中文名称被确定为"山东基督教共合大学"。

图 2.24　广文大学教学楼与科学馆

广文大学的办学宗旨、教材和管理模式与美国哈佛大学相同，学校建制亦与哈佛大学保持一致，其雄厚的师资力量和先进的教学设备在当时的中国是数一数二的。广文大学的教师多数为登州文会馆的毕业生，还有部分外籍教师。所设课程有文学、理学、工学、化学等等，学校设文理科，但实际上文理的界限并不明显，学制以 4 年居多，少数为 6 年。广文大学作为教会学校，其宗教课程也是学生必修的课程之一。大多数中国教会大学在设立之初，皆重在文理和神学学科的教育。学校学生主要来自山东省内各地，也有少量来自外省。

学校内教学仪器设备不仅齐全，而且先进，设有理化试验室、天文台、博物馆等。广文大学教学楼(见图 2.24)共有四层，其中一、二层为物理、化学及生物实验室、仪器室和预备室，全班学生可以两三人一组同时进行实验，可见对实验的重视程度。广文大学还设有试验工厂，制造技术先进。

此时的广文大学拥有先进的办学理念、管理模式，加上先进的教学设备和雄厚的师资力量，为当时的中国培养出大量的精英人才。1905—1917 年的 12 年间，广文大学共培养毕业生433 名(毕业证见图 2.25)。这些毕业学生主要从事教育、商业、牧师、布道员等工作，但以从事教员职业者居多。所以美国人称其为"中国的哈佛"和"现代教育的温床"。

1907 年,济南的共合医道学堂在南新街购置土地,并建设新学校及医院。1917 年,潍县广文大学迁至济南,9 月新校开学,此后以"齐鲁大学"(见图 2.26、图 2.27)作为中文校名使用。

齐鲁大学设文理科、医科和神科等学科。其中,文理科学制 4 年、医科学制 7 年,学校的医科实力最强。齐鲁大学全盛时期,老舍、钱穆、顾颉刚、栾调甫、马彦祥、吴金鼎、胡厚宣等学术名家先后在此执教,号称"华北第一学府",与燕京大学并称"南齐北燕"。

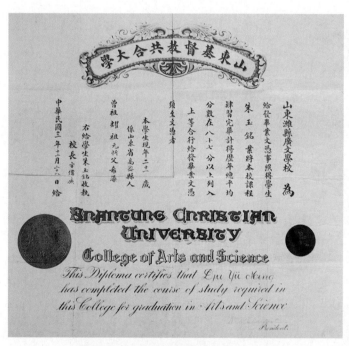

图 2.25　广文大学毕业证(1923 年)

图 2.26　齐鲁大学校徽

图 2.27　齐鲁大学校门

图 2.28　山东大学(趵突泉校区)

1951 年 1 月,齐鲁大学被华东军政委员会教育部接管。齐鲁大学被人民政权接管后解聘了所有外籍人员,这所山东著名大学的教育主权被中国人彻底收回。1952 年 9 月,按照国家的战略部署,撤销齐鲁大学,依据专业分别并入山东大学(见图 2.28)等相关大学。至此,齐鲁大学的历史也走向了终点,教会大学的时代宣告结束。

(四)乐道院学校培养的杰出人才

西方传教士来华传教的同时建立教会学校,为当时的中国带来了西方现代的教育理念和教育内容,潍县乐道院学校就是其中的典型代表。潍县乐道院学校的创办开创了昌潍地区现代学校教育、女子教育和大学教育的先河,培养了大批掌握现代科学技术的精英人才。

乐道院学校培养的杰出人才主要有著名民族企业家、华丰机器厂创办人滕虎忱(见图2.29),著名实业家、教育家尹焕斋,进步人士、教育家徐焕滋,教育家崔德润,教育家张雪岩,辛亥革命时期著名革命人士邓天乙,名医张同信,著名胸外科专家张纪正,杰出医疗专家魏一斋(见图2.30),著名考古学家吴金鼎,著名艺术家于希宁,等等。

图 2.29　著名民族企业家、
华丰机器厂创办人滕虎忱

图 2.30　医疗专家魏一斋

这些在乐道院学习和工作的中国人是潍县近代知识分子队伍中的杰出代表,也是潍县改变自己的新驱动力。经过先进教育的洗礼,他们的思想得到了解放,视野得到了开阔,见识得到了增长,更容易接受新鲜事物,他们迅速成长为潍县发展的中坚力量,为中国近代社会、经济的发展和中国社会的转型变革作出了突出贡献。

七、乐道院的革命活动

乐道院是由美国传教士狄乐播创办的,产权和管理均属美国人,执政当局不便干涉乐道院的内部事务,这就为革命活动的开展提供了较为安全的环境。从1921年中国共产党诞生到1949年中华人民共和国成立,潍县的很多革命活动都与乐道院息息相关。乐道院内的学校,不论是文华馆、文美书院还是广文中学、广文大学,不仅吸引了众多进步人士和青年学生,还涌现出了许多革命志士。抗日战争时期乐道院内的医院不仅为抗日前线提供大量的医疗救护援助,还为中国革命培养了许多医务人员。

(一)早期革命活动

1919年5月4日,以"外争国权、内惩国贼"为口号的爱国运动——五四运动在全国爆发。5月12日,文华中学与潍县公私立学校共同成立"学生联合会"。文华中学学生于培绪[1]领导全县学生罢课,创办《醒华报》,上街游行散发传单、张贴标语,传播爱国思想,联合社会各界人士组织国货维持会,抵制日货。

(二)大革命时期革命活动

1921年,中国共产党第一次全国代表大会在上海举行,王尽美、邓恩铭代表济南中国共产党早期组织参加会议。第二年,中共直属济南支部成立。

1923年5月,曾在乐道院文华中学读书的庄龙甲[2](见图2.31)经王尽美介绍正式在济南加入中国共产党,并担任济南第一师范党支部书记。1925年1月,庄龙甲遵照中共山东省地方执行委员会的指

---

〔1〕于培绪(1901—1928),字赞之,别名茂宁,化名伯涛,昌邑县(今昌邑市)东南村人。1919年考入潍县文华中学,在校积极参加学生运动,因创办《醒华报》揭露帝国主义侵略本性而被迫辍学。1924年考入济南齐鲁大学文理学院。1925年,由关向应、丁君羊介绍加入中国共产党。1926年3月,他到泰安开辟党的工作,建立了中共泰安支部,并任组织委员。同年冬,建立中共萃英中学支部,并任书记。1928年2月至5月,他历任中共泰莱县委书记、中共鲁北特委委员,并参与领导高唐县谷官屯农民武装暴动。同年6月,受中共山东省委派遣,他回到昌邑领导农民运动,12月被国民党杀害。

〔2〕庄龙甲(1903—1928),字鳞森,山东省潍县庄家村(今潍坊市奎文区庄家村)人。1921年秋考入济南山东省立第一师范,开始接受马列主义。1923年夏,加入了中国共产党,并担任了中共省立一师支部书记。1925年初,建立了潍县第一个党组织——中共潍县支部,并任书记。同年7月,他以国民党潍县直属区分部代表的身份,参加了国民党山东省第一次代表大会,建立和发展国共合作统一战线。1926年6月,他主持召开了中共潍县第一次代表大会,正式成立了中共潍县地方执行委员会,并任书记。1928年春,领导了砸大柳树税局的抗税斗争。1928年10月10日,不幸被潍县国民党右派逮捕。10月12日,在安丘县南流惨死在敌人的铡刀下,头颅被挂在潍县城门上,年仅25岁。1963年3月,他的遗骸由南流迁葬于潍坊市烈士陵园。

示,回到潍县开展党的活动。2月,在庄家村建立了潍县第一个党组织——中共潍县支部,并任书记。

庄龙甲经常深入乐道院,在文华、文美两个学校的进步学生中宣传马列主义,向校友们赠送进步书刊,传播反帝反封建的革命道理,发展团员、党员,先后介绍文华中学学生郑官升、王仰之、王宇澄、延鑫、刘浩等人加入青年团,使乐道院成为党组织的重要活动阵地。1925年8月,文华中学团支部成立,后成立党支部,王仰之为书记。党团支部成立后,学校中的革命活动十分活跃,1926年文华中学成立了"马列主义读书会",启发了不少青年的革命觉悟。《向导》《新青年》《共产主义ABC》《小说月报》《东方文库》等进步书刊公开陈列,供人借阅,学生可自由研讨。"读书会"宣传马克思主义思想,团结教育了许多进步学生,使大家的思想觉悟得到了进一步的提高。

在文华中学开展革命活动的同时,他们也积极发展文美中学师生加入青年团,先后有孙肇修(陈少敏)、董汝勤、谭静、刘好义、牟秀珍等20余人参加,并建立文美中学团支部,由董汝勤任支部书记。1927年春又建立了文美中学党支部,由牟秀珍担任书记。1927年9月,他领导了文美中学反帝罢课斗争。

党组织同样注重对乐道院工人的培养,积极发展电工牟光仪[1](见图2.32)入党,发展乐道院医院的扈梅村、锡泽、傅乃武、金素兰等先后加入共青团或共产党。

图 2.31　庄龙甲

图 2.32　牟光仪

---

〔1〕牟光仪(1900—1939),潍县清池镇(今潍坊市高新区清池街道)西清池村人。1917年,考入乐道院文华中学。1920年,因参加进步活动被劝退,后到华丰铁厂做工。1924年,重新回到乐道院做电工,其间结识庄龙甲、王全斌等共产党人,并加入中国共产党。1926年完成了掩护关向应在潍县视察的任务。1930年资本家害他双目几近失明,仍坚持斗争,被当地群众誉为"瞎子司令"。1938年9月,与国民党地方武装达成"互不侵犯,共同抗日"的协议,并完成了策反敌军的扩军任务。1939年12月,日军对胶东进行"大扫荡",牟光仪在战斗中壮烈牺牲。

(三)土地革命时期革命活动

由于蒋介石、汪精卫等人的背叛,第一次国内革命战争(大革命)失败,国共合作破裂,白色恐怖笼罩神州大地。大批中国共产党党员和人民群众遭到杀害。1928 年 10 月,庄龙甲同志不幸被捕,壮烈牺牲。潍县党组织遭到严重破坏。1932 年,任中共青岛市委青年委员会兼左联党团书记的共产党员乔天华[1]政治身份暴露,党组织将其转移至潍县,并在潍县广文中学担任图书馆管理员兼美术教师,以此为掩护,从事党的地下工作。1933 年,按照山东省委指示要求,乔天华在极其艰苦的条件下积极开展革命活动,努力恢复被敌人破坏的潍县党组织。乔天华依靠地下党组织的力量,成立了潍县中心县委,并担任县委书记。

(四)抗日战争时期革命活动

1937 年,卢沟桥事变后,全民族抗战爆发。潍县共产党员王一之、丁子新,发展中华民族解放先锋队[2](简称"民先",见图 2.33)队员 30 余人,正式成立"民先"潍县队部,积极开展抗日救亡运动。

由于当时美国为中立国,且当地政府对乐道院无管辖权,乐道院对抗日组织和"民先"的游击活动起了很好的保护作用。1938 年,日军占领潍县前夕,"民先"潍县队部由撞钟园小学进驻乐道院。同时,这里还是"民先"组织与八路军七支队的联络站。1938 年下半年,"民先"组织完

图 2.33 中华民族解放先锋队
(图片来自网络)

〔1〕乔天华(1902—1989),原名乔永祥,平度乔家村人。1919 年春入山东省立第九中学学习。1920 年转平度知务中学。1922 年兼任小学教师,勤工俭学就读于黄县崇实中学。在此深受青年教师刘谦初爱国主义思想影响。1929 年到烟台培真中学任教。1931 年春在烟台加入中国共产党。1932 年 10 月被派往青岛崇德中学任美术教员,秘密编印《灯塔》等进步文学刊物,宣传革命思想。1933 年 7 月任潍县广文学校教师,通过校内中共党员很快恢复了潍县、博兴等地党组织,成立了潍县中心县委并任书记。1934 年秋因博兴党组织遭破坏而被捕,饱受酷刑。1937 年七七事变后被释放回家,与罗竹风、刘炳章等组建平度抗日游击队。1938 年 11 月至 1943 年 2 月,曾先后组建过 7 支抗日武装,总数达 3000 余人,为胶东主力部队输送了大批兵员。后从平度抗日救国会会长升为南海独立团团长,其间率部作战数十次。1943 年 3 月始任平度县县长。1950 年先后任山东省农林厅办公室主任、特产处处长。1989 年 5 月,乔天华在济南逝世,享年 87 岁。
〔2〕中华民族解放先锋队(简称"民先")是在中国共产党领导下以抗日民主为奋斗目标的先进青年的群众性组织。1936 年 2 月在北平成立,其组织成员共 300 人左右,分成 36 个分队。在抗日战争中,队员们奋勇争先。后并入青年救国会。

成了历史使命,大部分队员加入了八路军鲁东游击队八支队,少数加入了五支队。

抗日战争期间,根据地医疗条件十分简陋。潍县基督教医院是昌潍地区规模较大、医疗水平较高的综合性医院,根据地伤病员只能冒险偷偷来乐道院救治。乐道院中美医护人员齐心协力,暗中救治八路军伤病员,为抗日战争的胜利作出了突出贡献。

(五)解放战争时期革命活动

抗日战争取得胜利后,国民党反动派占据潍县城,对解放区大举进攻,并对我干部群众疯狂屠杀。中国人民解放军华东野战军山东兵团许世友司令员决定发动潍县战役,打击敌人的嚣张气焰。1948年4月,潍县战役打响。占据制高点,以便观察城内外敌军动向,组织攻城部队进攻是军队指挥部需要考虑的因素之一。广文中学主教学楼上的大钟楼是当时潍县地区的最高建筑,且距离潍县城不远,因此,聂凤智司令员带领攻城部队指挥部进驻广文中学教学楼,在这里指挥了著名的潍县战役(见图2.34)。

图 2.34　潍县战役攻克东关时的爆破点

1948年,解放战争进入即将取得全面胜利的历史时期。为给全国胜利做准备,中共华东局决定在临沂山东大学和华中建设大学的基础上在潍县组建华东大学,校址选在了乐道院。11月,华东大学迁往济南,改由中共山东分局领导。1950年10月,华东大学并入山东大学。华东大学虽然存在的时间较短,在潍县仅有7个月时间,但是其培养了4000余名革命干部,有效支援了解放战争,并为新中国的成立和建设提供巨大帮助。

八、集中营时期的乐道院

20世纪30年代,经济大萧条率先在欧洲爆发,世界局势风云变幻。在东亚,1931年,日本军国主义者制造"九一八事变",发动侵华战争并迅速占领中国东北。1937年,继续制造"卢沟桥事变",发动全面侵华战争,12月,日军占领济南。1938年初,日军占领了胶东半岛,潍县也在此时陷落。而在欧洲,1939年德国闪击波兰,第二次世界大战全面爆发。

由于此时的乐道院归美国人管辖,日本人对乐道院内事务不进行干涉。因此,乐道院一时成了战争避难所,容纳4000多人避难。

1941年,日军偷袭珍珠港,太平洋战争爆发,美、英、加、澳等国纷纷对日宣战,和中苏建立同盟国,与德、日、意法西斯轴心国进行殊死搏斗。在此期间,由于一些日侨间谍充当别动队向日本法西斯军政当局提供情报,搞破坏活动,美国总统富兰克林·德拉诺·罗斯福在1942年2月19日发布第9066号行政命令,授权战争部长指定特定的区域作为军事区域,该命令为遣送120000名日裔美国人进集中营的政策铺平了道路,他们其中2/3是美国公民,在美国出生和长大。

为报复美国限制日裔美籍人士在美国本土活动,1942年10月,日本军事当局决定对在中国的敌国人采取分别对待的措施,对"拘押者"和"集团生活者"进行区别,对涉嫌从事间谍活动者,特别是可能对军方造成危害者实施拘押,对其余人实施集团生活。在华南的敌国人按要求必须于1942年12月在香港开始集团生活。在上海的敌国人则自1943年1月开始陆续转移到市内各集团生活所,转移工作于3月15日前完成。华北的西方外侨于1943年3月20—30日,从天津、北京、青岛等地陆续被转移到潍县。在潍县乐道院关押着整个华北地区(包括北京、天津、徐州、济南、青岛、烟台、滕州等地)西方侨民2000余人。他们分别来自美国、英国、加拿大、澳大利亚、新西兰、荷兰、比利时、伊朗、菲律宾、古巴、希腊、挪威、乌拉圭等国家,其中以欧美人士居多,儿童有327名。关押在此的美英等国侨民中,有许多世界著名人士,如400米世界奥运冠军埃里克·利迪尔(Eric Liddell,中文名李爱锐)、美国前驻华大使恒安石、齐鲁大学神学院院长和华北神学院创始人赫士博士、美国花旗银行董事长夫人沙德拉·司马雷、曾任蒋介石顾问的基格(雷振远)神甫等。抗日战争期间,日军在中国一共建立了40余座集中营,其中潍县乐道院集中营是内陆地区关押西方侨民最多的一座(见图2.35),日本人称其为"敌国人集团生活所"。

(一)集中营的整体布局

日军占领乐道院后,大肆掠夺、破坏乐道院内的医疗和教学设备,将乐道院的教学楼、师生宿舍和病房等迅速改造成羁押美英侨民的牢房,为加强警戒,防止侨民逃跑,在院落外围设立警戒塔和电网。

据难友绘制的1943年集中营平面图(见图2.36),集中营内仅保留保证基本生活的水井、供电房、厨房等设施和少量的活动场所,其余大部分房屋被改造成关押房。为加强对侨民的监管,

Table 4.

Statistics on Internment Camps & Informal Centres in China, 1942-1945 & Informal Centres in China, 1942-1945

Name of Camp	Type of Building	Period of Internment	1942 Interned	Repatriation 18/06/42	Total 31/12	1943 Interned	Repatriation 01/10/43	Transfers	Total 31/12	1944 Interned	Total 31/12	Transfers 42-45	1945 Deaths	Total 16/08/45
INFORMAL CENTRES														
Peking R C	Mission Compounds	Aug 43-Aug 45						440	440		440			440
Other Centres	Schools & Hotels	Feb 43-Aug 45				298	-38		260		260			260
(Harbin, Siping, Shenyang, Xiujiahui, Xiamen, Canton)														
FENGTAI	Warehouse	Jun 45-Aug 45										307		307
CHEFOO, Temple Hill	Residences	Nov 42-Sep 43	450		450			-450	0		0			0
WEIXIAN	Mission Compound	Mar 43-Aug 45				2029	-390	450}/-440}	1649	*87	1736		-34	1702
YANGZHOU A	Mission Compound	Mar 43-Oct 43				375	-375		0		0			0
YANGZHOU B	Mission Compound	Mar 43-Oct 43				300	-300		0		0			0
YANGZHOU C	Mission Compound	Mar 43-Aug 45				609			609	^38	647		-5	642
SHANGHAI														
- HAIFONG ROAD	Residence	Nov 42-Jun 45	360		360		-43		317		317	-307	-10	0
- YU YUEN ROAD	Schools	Feb 43-Apr 45				870	-167	200	903		903	-885	-18	0
- ASH CAMP	Army Huts	Feb 43-Aug 45				430		30	460		460		-10	450
- COLUMBIA C. CLUB	Sports Club	Feb 43-Apr 45				358			358		358	-350	-8	0
- ZHABEI	University	Feb 43-Aug 45				1425	-350		1075		1075		-25	1050
- PUDONG	Warehouses	Feb 43-Aug 45				1065	-150	-200}/400}	1115		1115		-12	1103
- LONGHUA	Schools	Mar 43-Aug 45				2000	-480	245	1765		1765		-40	1725
- LINCOLN AVE	Residences	Jun 44-Aug 45								300	300		-40	260
- YANGSHUPU	Convent Hospital	Apr 45-Aug 45									0	1235		1235
HONG KONG														
- STANLEY	College & Residences	Jan 42-Aug 45	2787	-264	2523			-20	2503		2503	-173	-127	2203
- KOWLOON	Barracks	Aug 45-Aug 45										173		173
(Technicians)														
TOTAL:			3597	-264	3333	9759	-1638	0	11454	300	11879	0	-329	11550

* Italians
^ Belgians

NOTES:
1. Some of this information comes from *The Japanese Internment Camps for Civilians during the 2nd World War* by Dr. D. van Velden. This has been supplemented by information from other sources.
2. The Repatriations included many non-internees - hence the low figures of internees having been repatriated.

Deaths have been treated statistically as all occuring in 1945, though they relate to the whole period. The figures for Stanley Camp include 7 executions by the Japanese in Oct. 1943 and 14 killed in an American air raid in Jan. 1945.
Total interned during the War:

1942	3,597
1943	9,759
1944	425
TOTAL	13,781

图 2.35　1942—1945 年日本在中国的集中营和非正式关押中心数据

设立行政、警卫等用于管理集中营的机构。另外,在行政楼附近,日军将部分建筑改造成娱乐室等,供其消遣娱乐,与侨民困苦生活形成鲜明对比。

(二)困苦的生活

在集中营内,日军对侨民的看守极其严密,规定极其严格,态度穷凶极恶,侨民的生活非常艰苦。侨民中除超过 80 岁高龄且体弱多病的赫士博士和戴存仁牧师外,不分男女,不论是贵族、官员、专家、学者,还是商人都必须参加繁重的劳动。住宿条件异常简陋,除极少数的家庭可以单住一间房外,大多数侨民均混合居住,小小的房间内住几个人,甚至几十个人,对于成年人来说,毫无隐私可言（见图 2.37）。日军对集中营内侨民的作息时间要求极为严格，起床、就餐、睡觉时间都有严格规定，每天起床钟敲响后，侨民都得赶紧起床，洗漱（见图 2.38）后分别到 3 处食堂吃饭，饭后钟声一响，都要到操场按照划分好的 6 个队在看守们指定的区域排队点名，用日语报数。入寝钟声敲响后，必须回到房间睡觉，不准在别处逗留，稍有不慎将面临日军的严厉惩罚，睡眠不足已成常态。集中营内的饮食极差。刚进集中营时，侨民们尚能半饥半饱。到了后期，日本人在饮食上的虐待日趋严重，不少食品都已霉烂变质。侨民们的主食

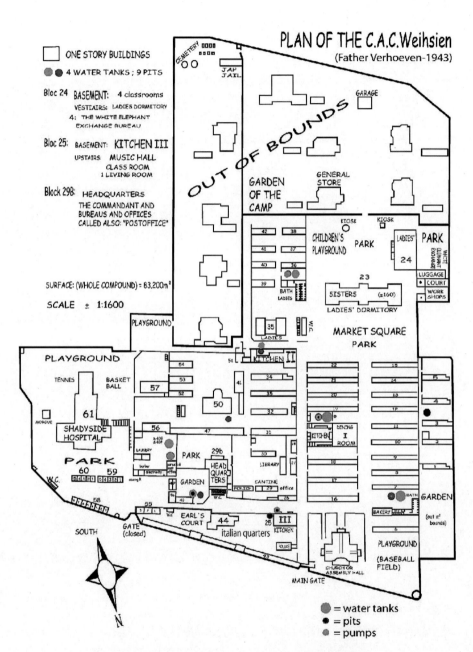

图 2.36　难友绘制的 1943 年集中营平面图

是发霉的高粱粥，排队领取，每人一勺。由于长期饥饿和营养不良，侨民们大多形容憔悴。除了劳动、吃饭和睡觉外，侨民们几乎没有休闲时光。侨民们不仅缺吃，同样少穿。为了在寒冷的冬天有鞋穿，很多难友在其他季节都赤脚劳动。

图2.37 关押侨民的宿舍内景

图2.38 被关押的侨民排队洗漱

(三)自治和抗争

在潍县侨民集中营内,日方设1名所长(日文称"所長",英文称"Camp Commandant")、5名事务官(日文称"事務官",英文称"Heads of Department")、3名监理课长(日文称"監理課長",英文称"Police Officer"),有监督和最高决策权,另有30—40名警卫负责警戒,防范侨民在营内的越轨行为以及与外界联系或出逃等。

为节约管理成本,日方勒令侨民内部选举成立饮食、住宿、劳动、教育、医疗等委员会,实行一定程度的自治,各委员会分别负责管理集中营内侨民的各项事务。为有效争取权益,各委员会还负责与日本看守进行协调、谈判和抗争。由于齐鲁大学教务长德位思博士曾任广文大学校长,熟悉乐道院的情况,大家推选他担任了主任委员。在"自治管理委员会"和全体被关押侨民的共同抗争下,被关押的侨民可以自行组织开展各种学习、工作和文体活动。

(四)潍县人民的无私帮助

随着战争的不断深入,乐道院内侨民的生活越来越艰难,潍县人民和当地抗日武装多次帮助和援救身陷囹圄的西方侨民。

在集中营内物资极度匮乏之时,当地人民悄悄为他们运送食物,募集筹款,抗日组织为其发送信件,并帮助恒安石等人成功逃脱,也因此发生了许多感人的故事,如铁床的故事、张兴泰父子冒死送信等。

铁床的故事。1943年春季的某一天早上,潍县人韩绪庭来到集中营西墙外一根长杆(难友们专门用来和外面交换东西用)处,把 2.5 斤白糖和 5 斤鸡蛋吊进集中营内。几分钟后,集中营内侨民利用长杆,吊出来一张拆卸开的铁床。韩绪庭不敢有丝毫耽搁,扛起铁床,穿过庄稼地,赶紧回去了。这张铁床最初为钢丝床,后被换成木板床。保留下来的这张铁床(见图 2.39)成了那段历史的见证。

张兴泰(见图 2.40)父子冒死送信。在抗日战争后期,集中营内生活更加困难,食品供应日益减少,侨民们长期忍饥挨饿,精神萎靡,身体消瘦。面对越来越严峻的形势,自治管理委员会主任德位思博士心急如焚,迫切希望能与外界取得联系以求得帮助,但日军看管严密,于是他想到了唯一能自由出入集中营的掏粪工张兴泰父子。张兴泰父子是附近李家村的农民,当这些外国人在集中营求救时,耿直忠厚的张兴泰没有半点犹豫,冒着生命危险将信转给了营外广文中学原校长黄乐德牧师。

图 2.39 印有"大肯兄弟,伦敦"字样商标的铁床　　　　图 2.40 张兴泰

(五)集中营解放

1945 年 8 月,日本宣布无条件投降,潍县集中营盼来了胜利的曙光。1945 年 8 月 17 日,美军援华总部派出代号为"鸭子"行动队的营救小组,驾驶 B-24 型轰炸机,抵达潍县集中营上空。侨民们看清飞机上美军符号及天使标志后,顿时沸腾起来,发了疯一般向院门外冲去(飞机空投下电台、药品、食品等大批急需物资)。"鸭子"营救小组 7 位伞兵队员在玉米地和高粱地里集结后,立即整队实施营救。备受 3 年折磨的侨民,在获得自由的那一刻,扑倒在地痛哭不已。降落伞碎片,伞兵身上的纽扣、徽章,甚至有女孩剪下伞兵的一小撮头发,都成了侨民们收藏的纪念品。(见图 2.41、图 2.42)

图 2.41　胜利纪念，1945 年 9 月 2 日摄于
中国山东省潍县乐道院

图 2.42　欢呼庆祝解放的集中营难友

集中营解放后，被囚禁的人士大多回到了自己的国家，主要散居在欧美和澳洲，其中有的成为所在国政界、商界的知名人士。对于集中营的幸存者而言，潍坊的特殊经历已成为他们永远的、挥之不去的记忆。他们相互联络、组织潍县集中营营友会、建立网站、撰写回忆录，并且拍摄了一部涉及此事的影片。潍县集中营给那些经历者和潍坊人民都留下了大量不可磨灭的记忆，成为一段弥足珍贵的往事。

九、新中国成立后的乐道院

新中国成立前，潍县乐道院占地面积超 200 亩(约 13.3 公顷)，建筑面积超 8.3 万平方米，院内房屋众多，功能齐全。新中国成立后，人民政权接管乐道院，医院部分被潍坊特别市乐道院医院继续使用，学校部分被山东省潍坊市第二中学继续使用。20 世纪 60 年代，乐道院内的大部分建筑被拆除，现仅存 7 处建筑，建筑面积超 4800 平方米。

进入 21 世纪，随着我国经济实力的不断提升，国家对乐道院的保护工作愈发重视。

2005 年，为庆祝中国人民抗日战争暨世界反法西斯战争胜利 60 周年，潍坊市政府拨款修缮乐道院旧址，并建立纪念潍县集中营解放 60 周年纪念碑和纪念广场。

2007 年，潍坊市人民政府公布乐道院为潍坊市文物保护单位，并设立保护标志碑。

2008 年，第三次全国文物普查期间，相关部门对乐道院进行了全面调查，并整理相关图文资料记录归档。

2010 年,在潍坊市外事办、潍坊市人民医院、广文中学和文物主管部门指导下,乐道院医院十字楼房顶部分进行维修加固处理。

2011 年,奎文区文化旅游新闻出版局建立完善了乐道院的保护档案。

2013 年 10 月,山东省人民政府公布其为第四批省重点文物保护单位,定名"潍县乐道院暨西方侨民集中营旧址"。

2015 年,为纪念中国人民抗日战争暨世界反法西斯战争胜利 70 周年,潍坊市政府拨专款,对十字楼、文华楼、文美楼等建筑进行了结构检修。

2016 年,潍坊市外事办组织筹措经费对十字楼、文华楼和关押房进行了维修。

2019 年 5 月,潍坊市委、市政府将潍县西方侨民集中营旧址所属建筑划归潍坊市文化和旅游局,由潍坊市博物馆统一管理。潍坊市博物馆先后与潍坊市人民医院、广文中学等相关单位进行对接协调,解决了乐道院 7 处历史建筑资产移交、文物文献移交、相关国有资产移交等历史遗留问题,解决了不动产登记、土地确权等一系列工作难题,理顺了潍县西方侨民集中营旧址的产权和管理体制。同年 8 月,潍坊市博物馆增设乐道院潍县集中营博物馆。

2019 年 9 月 16 日,潍县乐道院暨西方侨民集中营旧址被中央宣传部增补为全国爱国主义教育示范基地;2019 年 10 月 16 日,潍县西方侨民集中营旧址被国务院公布为第八批全国重点文物保护单位;2020 年 9 月 3 日,乐道院潍县集中营博物馆开馆。2022 年 11 月 29 日,山东省文化和旅游厅公布山东省第二批革命文物名录,潍县西方侨民集中营旧址(华东大学旧址)位列其中。

作为全国重点文物保护单位、全国爱国主义教育示范基地和国家一级博物馆,乐道院已然成为潍坊市国际交往和文化交流的重要窗口,开展爱国主义和革命传统教育,弘扬国际主义精神的重要场所。(见图 2.43、图 2.44)

图 2.43 标志碑

图 2.44 新建的乐道院大门

第三章　乐道院文物建筑构成

由于城市发展等因素的影响,乐道院的大部分建筑被拆除。2019年,国务院公布第八批全国重点文物保护单位,潍县西方侨民集中营旧址位列其中,编号为8-0628-5-112,类型为近现代重要史迹及代表性建筑。

按照潍县西方侨民集中营旧址"四有"档案,其现包含文物建筑有十字楼、南关押房、北关押房、专家1号楼、专家2号楼、文美楼和文华楼。另外,附属纪念物有埃里克·利迪尔纪念碑和乐道广场纪念碑。

一、文物建筑

(一)十字楼

十字楼(见图3.1)始建于1924年,是潍县乐道院内的医院大楼,该建筑坐南朝北,地上三层,半地下一层,三角形木屋架,红色机制板瓦屋面,马鞍形盖脊瓦。裙楼位于主体建筑西侧,地上二层。平面呈十字形,东西总长41.2米,南北宽总36.7米,高13.4米,建筑面积2600余平方米。

图3.1　十字楼

十字楼屋顶十字相交,屋顶上置青砖砌筑烟囱8处。屋面排水为有组织排水,即利用铁皮檐沟、落水管将汇集的雨水有序地排至地面。建筑北立面施青砖砌筑前厦,门楣石内用楷书题写"乐道院";前厦前端设东西向10级双跑青石台阶。墙体由青砖砌筑,砌筑方式为一顺一丁,主体建筑山墙为封火山墙,山墙顶部设混凝土压顶一道;墙体下碱为青方整石砌筑,亦为半地下室外墙,下碱之上设置腰线石。前厦西侧外墙下碱处设置奠基石,碑文已残,可辨识者有"1924""医院"等文字,显示了十字楼的建筑年代和功能。内墙为红砖砌筑,白灰墙面。一、二层为钢筋混凝土楼板;三层为木楼板地面,施红色油饰。正门为带上亮对开玻璃木门,门洞上发平券;内门形式多样,多为带上亮单开或对开玻璃木门。墙体外围开瘦高窗洞,顶部发青砖平券,内置带上亮上下提拉玻璃木窗。屋面施老虎窗6处,内置对开玻璃木窗。十字楼内有钢筋混凝土楼梯3处,其中室内楼梯2处,主楼梯位于室内走廊交会处西南角;室外楼梯1处,位于建筑西南角,与主楼梯一、二层间休息平台相连接。

(二)南、北关押房

关押房(见图3.2)原属乐道院医院病房区域,日军占领此地后,将其改建成关押同盟国侨民的地方。关押房为两排瓦房,南侧关押房共10间,北侧关押房12间,从东至西呈倒"八"字形布置。

南关押房坐南朝北,分为东西两部分:东半部分建筑平面呈长方形,共5间,东西总长15.74米,南北总宽4.7米,建筑面积73.98平方米;西半部分与东半部分形制一致。

图3.2 关押房

北关押房东北—西南朝向,东西总长36.6米,南北总宽4.5米,建筑面积164.7平方米。

关押房为双坡红色机制板瓦屋面,梁架为硬山搁檩式,青砖砌筑墙体,室内白灰抹面,灰板条吊顶,玻璃木门窗,青条砖铺砌地面。

(三)专家1号楼

专家1号楼(见图3.3)始建于1883年,曾为乐道院内宗教楼。该建筑坐北朝南,砖木结构,地上两层,半地下一层,东西两侧设有阳台,正立面沿建筑中部轴线呈左右对称布局形式。其东西总长16.32米,南北总宽13.05米,建筑檐高7.1米,总高10.87米,建筑面积441平方米。建筑平面大体呈"凸"形,主体建筑北侧为单层裙房。

图 3.3 专家 1 号楼

屋面为四坡顶样式，铁皮瓦屋面，"∧"形盖脊铁皮瓦。木质梁架由 4 根角梁及下部玄梁支撑在墙体上，并辅以楞木、斜梁组成复杂的梁架支撑体系，角梁及楞木上施望板，檐部设 100 毫米×100 毫米直椽，出檐 680 毫米，以增大屋面出檐尺寸。檐口环绕铁皮檐沟，雨水通过水斗后经方形落水管排出。东、西两侧阳台采用两根砖柱及两根木柱支撑，二楼阳台安装木质护栏。一、二层室内均做灰板条吊顶。地上一、二层墙体用青砖砌筑，北侧裙房顶部设单层抽屉檐，室内白灰抹面，墙面下部施 200 毫米高木踢脚，地下室玄武岩料石砌筑。一、二层室内地面为木地板地面，施红色油饰。地下室为三合土地面。外门、窗发木梳背券，门窗均做包边装修，窗为上下提拉式玻璃木窗和对开玻璃木窗，外门为带上亮玻璃木门，内门为单扇无亮木门。专家 1 号楼设有 3 处木质楼梯，连通各层，其中一处正对入户门，为本建筑的主楼梯，一处位于裙房内，一处与地下室相连通。地下室通过西北角、东北角青石台阶与室外相通。建筑台基采用青条石砌筑，花岗石踏跺。建筑木构件露明部分均施油饰，外立面以红色油饰为主，室内以米黄色、红色油饰为主。

(四)专家 2 号楼

专家 2 号楼(见图 3.4)始建于 1883 年,曾作为乐道院女子圣经学校、乐道院医院护士学校使用。该建筑坐北朝南,砖木结构,地上两层,正立面沿建筑中部轴线呈左右对称布局形式。其东西总长 23.32 米，南北总宽 15.92 米,建筑檐高 8.94 米,总高 11.67 米,建筑面积 643.6 平方米。平面大体呈

图 3.4 专家 2 号楼

"凸"形,前凸部分为楼梯间。

建筑屋面为铁皮瓦屋面,"∧"形盖脊铁皮瓦并设有三座通风口。通风口用铁皮制作,外形相同,大小一致,位于屋面正脊之上。木质梁架,由四榀三角梁架,四根角梁、角梁上搭接的楞木,底部纵横向主梁及其他斜向次梁组成梁架支撑系统,角梁及楞木上施望板,并做屋面防水,檐部设平椽,增大屋面檐部的出檐尺寸。檐口环绕铁皮檐沟,雨水通过水斗后经方形落水管排出。墙体用青砖砌筑,顶部设灯笼檐,下碱水泥砂浆抹面;室内白灰抹面,底部设木质或水泥砂浆踢脚。建筑四周砌筑 19 根青砖扶壁柱,以增强建筑整体的稳定性。外门、窗发木梳背券,外门为带上亮玻璃木门,内门为单扇无亮木门,窗为上下提拉式玻璃木窗和对开玻璃木窗;室内做灰板条吊顶。一层室内地面为青方砖地面,地面之下用青砖砌筑烟道,为专家 2 号楼取暖设备。二层室内及阁楼为木质地板地面。楼梯为青石楼梯,踏步长 1.33 米,宽 0.26 米,石板底部设楞木,以增加石板的抗弯性能。建筑木构件露明部分均施油饰,外立面以红色油饰为主,室内以浅黄色油饰为主。

(五)文美楼

1895 年,乐道院内建立专门招收女生的文美书院。1913 年,文美书院更名文美女子中学。

早期的文美书院为单层、砖木结构建筑,布瓦屋面,檐口环绕铁皮檐沟,雨水通过水斗后经落水管排出,青砖砌筑墙体,玻璃木门窗,门洞上发木梳背券,窗洞上发木梳背或半圆券(详见图2.5)。该建筑于 1900 年被义和团焚毁。

图 3.5 文美楼

现存文美楼(见图 3.5)建于1902 年,坐西朝东,砖木结构,地上两层,地下一层,南北总长18.84 米,东西总宽 15.04 米,建筑檐高 7.36 米,总高 13.35 米,建筑面积 444.37 平方米。平面呈不规则图形,南侧向外突出为建筑阳台,主体建筑北侧为单层裙房。

屋面借鉴中国传统四角攒尖顶的做法,顶部设宝葫芦宝顶,红色机制板瓦屋面,马鞍形盖脊瓦。梁架为木质梁架,由四根角梁、角梁上搭接的楞木,底部纵横向主梁及其他斜向次梁组成梁架支撑体系,檐部设平椽,增大屋面檐部的出檐尺寸。建筑屋面设4座烟囱,分别位于前坡屋面、后坡屋面(2座)及西坡屋面,烟囱通过烟道与室内壁炉相连接。地上二层建筑墙体采用青砖砌筑,墙体中部做直檐腰线,北侧裙房顶部设双层菱角檐,南侧阳台采用三根砖柱支撑,内墙面采用通体白灰抹面,底部设踢脚线;地下室为黑色玄武岩料石砌筑,墙厚330毫米。外门、窗发木梳背券,窗采用上下提拉式玻璃木窗,外门为带上亮玻璃木门,内门为单扇无亮木门,内墙阳角采用圆木条倒角,室内做灰板条吊顶,二楼阳台安装木质护栏。室内设2处木质楼梯,一处连通地上一层、二层,另一处连通地下室。文美楼西南角设置地下室入口,砌筑青石台阶以通其内。室内一、二层为木质地板地面,施红色油饰,地下室为三合土地面。门窗、椽子等木构件露明部分均施油饰,外立面以红色油饰为主,室内以米黄色、红色油饰居多。

(六)文华楼

1883年,乐道院内设专招男生的文华馆。1904—1915年,文华馆又先后改名文华书院、文华中学、文华学校。

早期的文华馆为单层、砖木结构建筑,布瓦屋面,青砖砌筑墙体,玻璃木门窗,门洞上发木梳背券,窗洞上发木梳背或半圆券。该建筑于1900年被义和团焚毁。

现存文华楼(见图3.6)建于1902年,坐北朝南,砖木结构,地上两层地下一层,东西总长22.97米,南北总宽17.5米,檐高7.59米,总高12.69米,建筑面积581.55平方米。主体建筑平面近似长方形,其东南呈八角形向外凸出,主体建筑北侧为裙房。

主体建筑屋顶借鉴中国传统歇山顶式样,红色机制板瓦屋面,马鞍形盖脊瓦,两山处檩木

图3.6　文华楼

悬挑出山墙,端头钉木质波浪形博缝板,小红山处用青砖砌筑,西侧山墙置圆形木质百叶窗,东侧对称布置三角形木质玻璃窗。主体建筑屋面设方形青砖砌筑烟囱2座,其下设壁炉,西侧烟囱由正脊伸出,高出屋面0.98米,东侧烟囱自歇山撺头伸出,高出屋面4.78米。烟囱每面中部出两排丁砖形成装饰线条直至檐口,檐口青砖叠涩出檐,上下出檐间形成束腰,最上层出砖垛,顶部加混凝土盖板,烟囱造型舒展,极具张力。主体建筑为三角形梁架,主梁截面210毫米×120毫米,主梁上出瓜柱承托檩木,瓜柱逐步加长以保证屋面曲线柔缓,檩木截面160毫米×60毫米,檩木上钉望板,板厚20毫米;出檐处木椽尾部做榫插入檩木,加钉与檩木连接,依靠木榫卯及砖墙摩擦力固定伸出,木椽悬挑出墙体660毫米,外立面做红色油饰。墙体外立面用青砖砌筑,红砖背里;一层窗洞上出二道直檐腰线,环绕主体建筑一周,二层檐口出抽屉檐;内墙用红砖砌筑,白灰抹面;地下室用玄武岩料石砌筑,墙厚340毫米。建筑外围窗形式多样,以上下提拉式玻璃木窗为主,间或设置半圆对开券窗,窗外立面为红色油饰,内侧为浅黄色油饰。外门为带上亮玻璃木门,内门为单扇无亮木门。文华楼设木质楼梯2处,其中一处正对主入户门,共计15步,踏步长950毫米,宽280毫米,另一处通往地下室;青石楼梯1处,位于主体建筑后檐与裙房之间,为裙房进入主体建筑二层的通道。文华楼东北角设置地下室入口,砌筑青石台阶以通其内。室内一、二层为木质地板地面,施红色油饰,地下室为三合土地面。门窗、椽子等木构件露明部分均施油饰,外立面以红色油饰为主,室内以米黄色、红色油饰居多。

二、附属纪念物

(一)埃里克·利迪尔纪念碑和铜像

埃里克·利迪尔,1902年出生于天津。1924年,22岁的他以47.6秒的成绩打破了当时400米短跑的奥运会纪录和世界纪录,为英国赢得了第一块奥运会金牌。

太平洋战争爆发后,埃里克·利迪尔和其他侨民一起被关入潍县集中营。为了营内被囚禁儿童健康成长,他积极发挥自身专长,带领孩子们参加各种文体活动。1945年2月21日,年仅43岁的利迪尔因罹患脑瘤,得不到有效的治疗,病逝在集中营内,而这一天,距离日本宣布战败投降仅有175天。

为纪念埃里克·利迪尔,1991年,当地人民在十字楼西北侧为其竖立一座铜像和一座纪念碑。碑上镌刻镏金碑文:"他们应可振翅高飞,如展翼的雄鹰;他们应可竞跑向前,永远不言疲累。"(见图3.7)

图 3.7 埃里克·利迪尔纪念碑和铜像

图 3.8 "胜利·友谊"铸铜雕塑纪念碑

(二)乐道广场纪念碑

2005年,为庆祝中国人民抗日战争暨世界反法西斯战争胜利60周年,潍坊市政府拨下专款,在十字楼东北方向百余米、虞河南岸建设纪念潍县集中营解放60周年纪念碑和纪念广场。

乐道广场矗立的"胜利·友谊"铸铜雕塑纪念碑(见图3.8),碑底刻着中英文对照的潍县集中营关押人员名单,黑底白字,静穆沉重。上面的一组铸铜浮雕,或抱拳,或挥舞手臂,或互相握手,不同的身姿却有着同样的神情——为胜利和友谊而欣喜。在铸铜浮雕的顶端,刻上了"1945.8.17"的字样作为永久的和平纪念。

在浮雕墙上,以故事线的形式生动讲述了乐道院从创建,到后期改建为侨民集中营,直至最后被关押在这里的侨民们在当地中国百姓和抗日部队的帮助下最终获得解放和自由的历史故事。

三、关于文物建筑名称的思考

1933年,潍县广文中学举办50周年校庆,出版《山东潍县广文中学五十周年纪念特刊》。在编辑该特刊时,广文中学绘制了当时的校舍平面图(见图3.9)。从该图可以看出,从乐道院大门向西有两条道路分别通向潍县城的东门和南门。广文中学校内大礼堂、科学馆、大饭堂、宗教楼、课室等主要建筑的位置关系清晰,男生部、女生部、小学部、幼稚园、宿舍、体育场、作物试验区等功能划分明确。

集中营关押人员贝克里斯蒂安·德桑·休伯特绘制了1943年潍县集中营平面图(见图3.10)。从图中可以看出,日军将乐道院学校、医院等区域改造成集中营,并在其周边布设警戒塔,但乐道院的平面布局未发生大的改变。集中营内共包含61栋主要建筑,关押人员及日军工作、生活设施20余处,包括厕所、洗漱间、厨房、商店、水塔、日本人娱乐室、集中营行政楼等等。同时,集中营之外(图中阴影部分),为日本人居住房屋。

对潍县集中营平面图和广文中学校舍平面图比对后发现,集中营平面图中23号建筑和24号建筑分别对应校舍平面图中的男生部课室三层(钟楼)和科学馆。根据文美楼、文华楼现存情况和科学馆

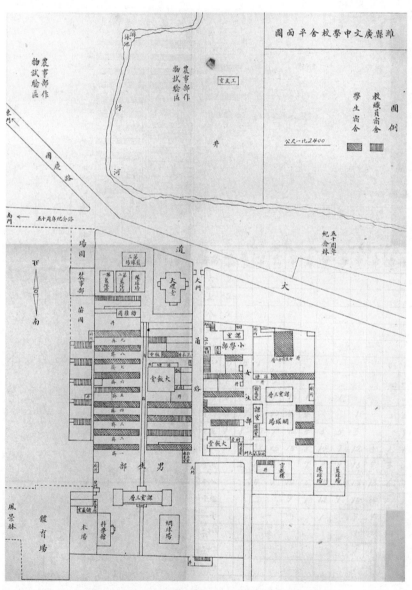

图 3.9　1933 年潍县广文中学校舍平面图
(图片摘自《山东潍县广文中学五十周年纪念特刊》)

老照片，可以判断出文美楼位于科学馆的南侧，文华楼位于文美楼的东侧，距离较近（见图
3.11）。1933年潍县广文中学校舍平面图中，男生部和女生部的距离较远，且文美楼、文华楼并未
出现在该图内，说明文美楼、文华楼不属于广文中学校舍部分。从1943年潍县集中营平面图判
断，文美楼、文华楼位于该图阴影部分，即位于日本人居住房屋范围内。从现存文美楼、文华楼平
面布局分析，两栋建筑的房间均较小，且各房之间连通性较强，不适合作为中学教室使用，而作
为居住房屋更为适合。故现存文美楼、文华楼应为乐道院学校老师居住用房，是否将其称之为文
美楼、文华楼有待进一步调查论证。

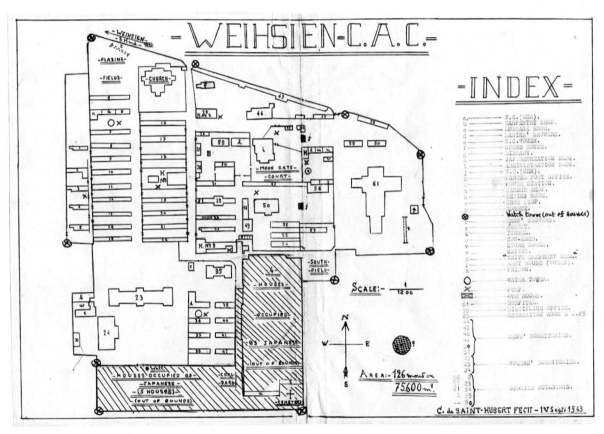

图 3.10　1943 年潍县集中营平面图(贝克里斯蒂安·德桑·休伯特绘制)

1943年潍县集中营平面图中50号建筑对应1933年潍县广文中学校舍平面图中女生部课
室三层(女子圣经学校)，现称为专家2号楼。该建筑作为医院专家楼来使用的时间较短，将其称

为专家 2 号楼缺乏历史文化底蕴。

1933 年潍县广文中学校舍平面图中的宗教楼在 1943 年潍县集中营平面图中被划入日本人居住房屋范围内(图 3.10 中阴影部分)。将女生部课室三层(女子圣经学校)和宗教楼放到现代地图来看,宗教楼和专家 1 号楼的位置基本重叠(见图 3.12)。由此判断,专家 1 号楼在日军占领乐道院之前作为宗教楼使用,在集中营时期作为日军居住用房。是否将该楼命名为专家 1 号楼,有待商榷。

潍县乐道院现为全国重点文物保护单位,公布名称为西方侨民集中营旧址。各文物建筑的命名应体现乐道院曾作为集中营的时代特征,按照集中营时期的建筑功能来确定名称更为合适。

图 3.11 · 科学馆与文美楼、文华楼位置关系

图 3.12 宗教楼和专家 1 号楼位置重叠

第四章　乐道院价值研究

《中华人民共和国文物保护法》明确文物具有历史、艺术和科学价值,这也是我们通常所熟知的文物三大价值。《中国文物古迹保护准则》(2015 年)将文物的价值增加了文化价值和社会价值。乐道院作为全国重点文物保护单位,在全省乃至全国影响较大,具有较高的历史价值、科学价值、艺术价值、文化价值和社会价值。

一、历史价值

鸦片战争肇始,随着一系列不平等条约的签订,封建专制的中国国门大开,西方国家取得了在华自由传教的权利,由此西方教会和文化势力由沿海向内陆逐步渗透,潍县乐道院即在此背景下应运而生。乐道院曾一度作为昌潍一带的教会、教育和医疗卫生中心,其场所很是显要,院内的钟楼成为当时潍县城东部的标志性建筑物。此后潍县乐道院历经焚毁与重建,并得到了较大规模的发展,成为北美基督教长老会在山东传教的重要基地。

二战时期,日军偷袭珍珠港,发动蓄谋已久的太平洋战争,美英正式对日宣战。为报复美国政府限制在美日侨活动,日本随即在中国全境搜捕同盟国在华的牧师、教师、商人等侨民,并将其全部强行抓捕,分别关押在山东潍县、上海龙华和香港,并将关押地命名为"敌国人民生活所",简称"C.A.C"。因潍县邻近胶济铁路,交通便利,加之乐道院场地大、房屋多,美国人又相对集中,日军遂将乐道院改造成了集中营。它是日本侵华历史和日本军国主义暴行的重要见证。

中共潍县党支部建立后,乐道院作为我党在潍县地区收藏秘密文件、召开党团员会议、研究革命工作的重要基地,记录了潍县党组织从准备到诞生的革命活动全过程。

潍县西方侨民集中营旧址是鸦片战争后,英、法、美等西方列强利用政治、经济、外交、宗教、文化等手段对我国进行经济和文化渗透、侵占我国市场和资源的物证,同时见证了世界反法西斯战争期间那段残暴、黑暗的历史,记录了爱好和平的人们相互帮助、共渡难关而结下的深厚友谊。乐道院蕴含丰富的历史文化信息,是研究我国近现代史、经济史、建筑史、宗教文化史等方面的重要史料,具有较高的历史价值。

二、科学价值

潍县西方侨民集中营旧址是多元文化的产物,其结构、材料和建筑形态有其特定的历史环境,中国建筑师虽不能将其作为创作的模板,但其对现代建筑设计有重要的参考价值。潍县西方侨民集中营旧址现存建筑大体保持着始建时的格局与形制做法,同时涵盖从清末到民国潍县地区建筑大量典型实例,对研究山东地区教会建筑的形制和法式演变提供了大量第一手素材。在建筑形制、构造、装饰、装修上,绝大多数融合了中西建筑的特点、优点;在建筑构造上,采用地下室结构,防潮、自然调节温度、保护木地板等作用效果明显;屋面结构普遍采用三角木梁架,节省材料的同时,也保证屋面梁架的稳定性;同时,考虑到建筑成本,就地取材,利用当地青砖等主要建筑材料,从建筑色彩、工艺做法上迎合当地文化传统审美。当然,在此中西文化碰撞中,中国工匠吸收了西方建筑材料、构造的种种长处。另外,在细节的处理上也十分重视和讲究。例如,在装修细节上,室内门窗洞阳角部位做包边,既有利于保护墙角,又美观且给人亲切感;在人流疏散方面,文华楼、文美楼多数房间都是相通的,楼梯位置设置合理,保障了出现险情时人员能够在最短的时间内离开房间,疏散到安全地带;在室内取暖方面,专家2号楼等建筑的取暖设施做法新颖、设计巧妙,很大程度上改善了居住、办公、学习的条件。

十字楼作为潍县西方侨民集中营旧址中最大的建筑,曾是乐道院医院的门诊大楼,亦是20世纪初潍县地区最为先进的医疗机构,其规模大小、设计式样、各项配备参照匹兹堡市内的桑迪赛德医院。对于研究当时中国及美国的医疗建筑设计理念、建造技术以及当时医疗水平发展具有一定的科学研究价值。

二战时期,乐道院被日本军国主义者改造为当时亚洲最大的集中营,用于关押西方侨民,乐道院暨西方侨民集中营旧址对研究二战时期日军集中营的建造、管理具有一定的科学价值。

三、艺术价值

"间""栋""院"是中国传统建筑空间的基本组成单位,空间布局为中轴对称式。有别于中国传统建筑空间布局,乐道院院落虽以中央甬路为基准线进行空间布局,但又不完全中轴对称,体现的是自由、灵活、实用的特点。乐道院的单体建筑体量大,室内外的空间相对独立,更强调建筑的空间组成和使用功能;且对建筑内部空间的要求较多,建筑形式着重于形体美观和各部分比例协调。

潍县西方侨民集中营旧址现存建筑具有中西合璧、以西式风格为主的时代特色,与潍坊市内坊茨小镇等近代历史建筑一起构成了潍坊特有的殖民建筑风格,具有较高的艺术价值。在设计、建造时,根据建筑本身的实际需求灵活运用中国传统建筑元素,并对西方建筑文化加以吸收、利用并优化、革新,使之更好地融入整个建筑体系中,其中西结合的建筑手法体现了中国传统建筑文化兼容并蓄、与时俱进的特点。

四、文化价值

乐道院位于地处山东中部、历史悠久的古城潍县。当时的潍县商业发达,交通便利,科甲盛行,名人辈出,勤劳朴实的劳动人民创造了灿烂的文化。一河双城、龟蛇相依的潍县城墙、潍县剪纸、木版年画、风筝等都是其灿烂文化的典型代表。乐道院建立后,传教士将西方宗教、医疗、教育、建筑等文化带至潍县,中西方文化在乐道院产生激烈碰撞,进而相互交融,促进了文化事业的繁荣进步。

和平与发展是当今时代的主题。潍坊作为二战时期亚洲最大的外国侨民集中营所在地,使潍坊市人民更懂得和平的珍贵。因潍县西方侨民集中营旧址而形成的和平文化,与以东夷文化为代表的历史文化,以风筝、年画为代表的民俗文化,以沂山为代表的自然文化等相互交融,为弘扬中华优秀传统文化贡献磅礴力量。

潍县乐道院建设时利用新型建筑材料,结合西方的功能组合以及划分,然后在局部设计的时候添加具有中国传统文化特色的元素，且在结构组件以及细节之处用具有传统风格的纹理样式进行处理，形成了一种所谓的中西文化结合的建筑模式。这种模式既具有西方风格，又不失中国传统文化味道。

五、社会价值

文物社会价值包含了记忆、情感、教育等内容，是文物古迹在知识的记录和传播、文化精神的传承、社会凝聚力的产生等方面所具有的社会效益和价值。潍县乐道院的社会价值主要体现在以下九个方面：

一是广泛开展国际主义合作。抗日战争时期，中国人民与国际侨民在乐道院团结合作，反抗日本军国主义的暴行。其与奥斯威辛集中营、达豪集中营等世界各地的法西斯集中营一样，是人类伤痛的记忆，是法西斯罪行的重要物证，它的存在可以教育世人牢记历史、珍惜和平。

二是共同铸就和平友谊。乐道院当时共羁押来自英、美、法、新西兰、加拿大、古巴、希腊、澳大利亚、荷兰、比利时等近 20 国侨民 2008 名，其中包括 327 名儿童，羁押长达 3 年半之久，让潍县集中营成为亚洲规模最大、关押人数最多的同盟国侨民集中营。共同的苦难，造就了深厚的友谊；特殊的经历，也成为他们人生中永远的记忆。抗日战争胜利后，这些侨民陆续回到自己的祖国。回国后，难友之间互相联络，交流感情，交流生活，撰写回忆录，成立乐道院集中营营友会，与中国人民继续谱写和平新篇章。

三是开启救死扶伤新格局。潍县乐道院医院的创办，打破了潍县传统的中医治疗的格局，为潍县民众提供了一种全新的就医方式。乐道院医院的繁荣景象说明了当时的潍县及周边各县的人民对西医、西药的认同。基于此，1925 年，毕业于文华书院的乐道院医生张执符发动广文校友和乐道院教友入股，创办惠东医院，并很快将其发展成集诊疗、制药于一体的综合性医疗机构。

四是开创山东地区教育新篇章。潍县乐道院教会学校将当时西方的科学文化知识带进山东，编写课本，制作教学仪器，首倡德、智、体、群四育和学生自治，为山东教育事业作出了贡献。开设的文美女中使中国女性获得学习文化的资格，是我国妇女解放、追求独立、实现男女平等的重要见证。

五是促进山东地区工农业的发展。潍县乐道院教会学校引进工业设备,推动了山东地区的工业发展。潍县乐道院教会学校毕业学生将学到的文化知识运用到工农业生产中,开办工厂、大办实业,为潍县乃至山东地区农业及工商业发展作出了贡献。

六是革命精神,薪火相传。乐道院的革命活动十分活跃,其见证了潍县党组织从弱小到壮大的全部过程。从1925年乐道院第一个共产党员牟光仪,到曾就读于文华中学的潍县第一党支部书记庄龙甲,再到毛主席书赠条幅"为革命服务"、周恩来题词夸他是"为边区医院树模范作风"的医生魏一斋,乐道院培养了一批优秀的共产党员,他们在抗日战争、解放战争时期,为党、为人民作出了突出的贡献,他们的精神影响了一代又一代年轻人。

七是东西方文明交流、互鉴的纽带。乐道院有效推动了西方科技、医学、教育在中国的发展与传播,促进了中西方文化的交流与互鉴。乐道院集中营的悲壮历史,再一次证明了构建人类命运共同体是实现世界和平发展的根本之策。

八是开展爱国主义教育的新阵地。2019年,中央宣传部增补潍县西方侨民集中营旧址为全国爱国主义教育示范基地。作为中国抗日战争和国际反法西斯战争的见证之地,乐道院对引导人们特别是广大青少年树立正确理想、信念、人生观、价值观,促进中华民族振兴具有重要意义。

九是促进文化和旅游融合发展。潍县西方侨民集中营旧址作为全国重点文物保护单位,是重要的文化资源和旅游资源,对促进文化和旅游融合发展,推动当地经济和社会进步具有重要的意义。

第五章　乐道院建筑特征

中国近代史是一部世界主动走向中国、中国被迫卷入资本主义世界体系的历史。中国近代建筑的发展大致可分为三个阶段：

第一阶段，19世纪中叶至19世纪末。该历史时期的商埠达24处，在这些开放的通商口岸中，准许外国人租地盖房，进行商业贸易，因此出现了早期的外国领事馆、工部局、洋行、银行、商店、工厂、仓库、教堂、饭店、俱乐部和洋房住宅等建筑形式。这些殖民输入的建筑以及散布于城乡各地的教会建筑是本时期新建筑活动的主要构成。

清政府洋务派开始创办军事工业，后期又开办了一批官商合办和官督商办的民用工业。中国私营资本在该时期创办了百余家近代企业。随着颐和园和河北最后几座皇陵建设工程的完工，中国古代的木构架建筑体系，在官工系统中终止了活动，而在民间建筑中仍然不间断地延续。

该时期的这批外来势力输入的西方建筑和中国洋务工业、私营工业主动引入的西式厂屋，就成了中国本土上第一批真正意义上的外来近代建筑。它们构成了近代中国建筑转型的初始面貌。

第二阶段，19世纪末到20世纪30年代末。该历史时期中国通商口岸的数量大幅度增加，中国政府为抵制被动开埠而实施的"自行开放"口岸也陆续开辟了35处，如山东的济南、周村、潍县等。上海、天津、汉口等租界城市都显著地扩大了租界占地或增添了租界数量。租界和租借地、附属地城市的建筑活动更为频繁，工厂、银行、火车站等为资本输出服务的建筑增多，建筑的规模逐步扩大，建筑设计水平明显提高。在民主革命和"维新"潮流冲击下，清政府相继在1901年和1906年推行新政和预备立宪。这些政治变革带动了新式衙署、新式学堂以及谘议局等官办新式建筑的发展。

早期赴欧美、日本学习建筑的留学生回国，开办建筑事务所，充实了中国建筑师队伍；他们开办建筑学科，开创了中国建筑学教育的先河。

该时期中国近代建筑的类型大大丰富，居住建筑、公共建筑、工业建筑等主要类型已大体齐备。水泥、玻璃、机制砖瓦等新建筑材料的生产能力有了明显提升,近代建筑工人队伍壮大了,施工技术提高了,工程结构也有较大变化,相继采用了砖石钢骨混合结构和钢筋混凝土结构。

第三阶段,20 世纪 30 年代末到 40 年代末。在抗日战争和解放战争期间,国民政府政治中心转移到重庆地区,全国实行战时经济管制,经济发展缓慢,近代化进程趋于停滞,建筑活动很少。

综观中国近代建筑史,中国建筑的近代化主要沿着三条路径向前发展:

其一,开埠城市主导的建筑活动。其主要分布在租界、外国人避暑地等区域。另外,教会建筑的实施主体通常是外国传教士。

其二,近代中国政府主导的建筑活动。从清末新政时期的官署建筑到国民政府时期南京、上海等地的建设活动,这都是民族主义兴起和深入的具体表现。

其三,中国劳动人民主导的建筑活动。中国幅员辽阔,经济、社会发展十分不平衡,受西方冲击进入近代后,区域发展的不平衡现象更加严重。未开埠的中国内陆地区的劳动人民对西方的认识不如开埠城市知识阶层系统、深刻,大多因趋新慕洋而停留在表面的模仿阶段,其表现形式复杂多样,并无清晰单纯的轨迹可循。

这三种建筑活动,一方面是中国传统建筑文化的延续,另一方面体现出西方外来建筑文化的传播、影响。这两种建筑活动的互相碰撞、交叉和融合,构成了中国近代建筑发展的全景。中国近代建筑体现出传统承续与外来影响之双重性,则为其特性。由此可见,中国近代建筑同中国古代建筑、中国现代建筑在特性上有根本的区别和不同的体现。

乐道院是美国传教士狄乐播夫妇在中国潍县兴建的教会建筑,是中国传统建筑文化与西方建筑文化相互碰撞、融合的产物,既具有中国传统建筑的特点,也具有西方建筑的显著特征。

一、十字楼

(一)整体布局

十字楼东西总长 41.2 米,南北宽总 36.7 米,高 13.4 米,建筑面积超 2600 平方米。平面对称分布,整体略呈"十"字形。建筑主体可分为四个部分,四部分建筑外观、内部结构、布局一致,主体建筑于西半部延伸出三间裙楼,南半部延伸出五间裙楼,南裙楼后期被拆除。室内布局为内置走廊式,走廊呈十字交叉,走廊两侧为诊室或病房。(见图5.1、图5.2、图5.3)

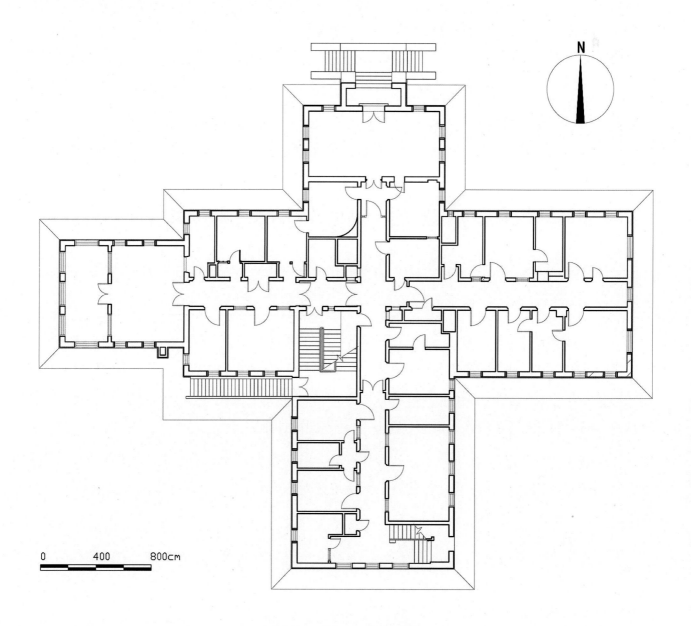

图5.1 十字楼一层平面图

(二)结构体系

十字楼为砖石钢筋混凝土混合结构。其地下室为青石砌筑半地下室;一层、二层墙体由青砖、红砖砌筑而成,楼板为钢筋混凝土结构;阁楼由木屋架、砖墙和木楼板组成。

1.屋架

十字楼屋架为三角形木屋架。

2.楼板

十字楼一层、二层为钢筋混凝土现浇楼板,板厚200毫米。阁楼为木楼板,木楼板以

图5.2 十字楼南裙楼

木龙骨以及木板材构成。木楼板没有主梁,木龙骨直接架在墙上,将楼板荷载传至外墙砌体,木龙骨上承载木板条。木龙骨下设置灰板条吊顶。

3.承重墙体

图5.3 十字楼北立面

青方整石砌筑下碱,高度710毫米,顶皮设置腰线石,腰线石厚185毫米。十字楼所用石材主要为青石。碑石在"文革"期间遭破坏,但在十字楼西北角仍依稀可见。经现场勘查发现,十字楼建设所需青砖应为当地购买;碑石、前厦过梁石等处岩石颜色、纹理保持一致,与台阶、下碱等处青条石存在明显不同,初步判断台阶、下碱等处青条石应为当地石材[1]。

主体建筑山墙为尖山式硬山墙,山

---

[1]潍坊市西南部符山镇产青石。

墙处墙体高出屋面，类似封火山墙，顶部做水泥混凝土压顶，厚120毫米；建筑立面开瘦高窗洞，安装带玻璃木窗，青石窗台石。墙身砌筑青砖为烧结黏土砖，规格为215毫米×110毫米×50毫米（长×宽×厚），青砖砌筑方式以一顺一丁为主。外墙厚370毫米。

（三）外部构造体系

1.屋面

主体建筑四部分均为双坡顶，四部分屋面十字相交，相交处设镀锌铁皮檐沟，裙楼为三坡顶。（见图5.4）

十字楼屋面瓦采用红色机制板瓦，黏土烧结而成，尺寸为400毫米×220毫米×40毫米（长×宽×厚）。屋脊采用红色马鞍形盖脊瓦，亦为烧结黏土瓦。脊瓦尺寸为390毫米×200毫米×30毫米（长×宽×厚），高100毫米。屋面烟囱共8处，采用青砖砌筑，通过墙体烟道与室内壁炉连接。屋面排水为有组织排水，即屋面环绕半圆形铁皮檐沟，通过长尾铁钩与出檐木椽连接，由排水坡度将水汇集至水斗，并通过方形落水管排出。屋面做法较为传统，自下而上为木望板—防水层—挂瓦条—红色机制板瓦。

图5.4　十字楼模型
（拍摄于乐道院潍县集中营博物馆）

2.前厦及踏步

前厦位于北立面中部，墙体用青砖砌筑，青石过梁，过梁底部设牛腿，牛腿与中国古建筑中雀替形式类似，过梁上设石匾额，书"乐道院"，墙体点缀青石。前厦屋面两坡顶，铺设红色机制板瓦。前厦前自东西两侧沿现浇混凝土台阶而上，台阶两侧砌筑青石护身墙。（见图5.5）

3.外墙面

十字楼外墙面为青砖清水墙面，砌筑方式为一顺一丁。前厦两侧部分窗洞下部利用青砖摆砌图案（见图5.6），丰富了外立面的形式。北立面阁楼正中外窗之间设有圆形旗墩，中心设置凹槽，其上方设置铁箍，便于插入和固定旗杆。

图 5.5　十字楼前厦

图 5.6　窗洞下部摆砌图案

4.外门窗

十字楼外立面门窗形式多样,门以木质玻璃木门为主,窗以上下提拉玻璃木窗居多。窗外侧设窗台石,青石材质,厚120毫米。为减少雨水对木窗的侵蚀,窗台石外侧设置2%的泛水。

为了防止阁楼闷热潮气导致堆物霉变和屋面腐朽,十字楼屋面开设天窗,俗称"老虎窗"[1],共6处。

5.外楼梯

十字楼施室外楼梯一部,为钢筋混凝土楼梯。

6.室外地面

十字楼原地面铺装样式无考,由保存的老照片看,应为素土地面。

---

[1]老虎窗又称"老虎天窗",屋顶的英文表述为roof,其音近沪语"老虎"。于是,这种开在屋顶的窗就被洋泾浜英语(洋泾浜是旧时上海租界地名。洋泾浜英语是指不讲语法,按中国话字对字地转成的英语)读作"老虎窗"。

(四)内部构造体系

1.内墙

十字楼内墙用红砖砌筑,承重墙厚240毫米,隔断墙厚150毫米。室内墙体白灰抹面。

2.吊顶

一层吊顶为板底抹灰,即在钢筋混凝土楼板下部做水泥砂浆基层,白灰抹面。

二层、三层吊顶原为灰板条吊顶做法。

3.楼地面

十字楼除阁楼楼面为木地板楼面外,其余各层均为水泥砂浆楼面。木地板楼面木板厚30毫米。

4.室内楼梯

十字楼施室内楼梯两部,均为钢筋混凝土楼梯(见表5.1)。

表5.1 十字楼楼梯详表

名　称	位　置	材　质	参　数	栏　杆
主楼梯	位于主体建筑中轴线交会处西侧	钢筋混凝土现浇楼梯	楼梯间总宽4.19米,踏步宽300毫米,自地下室起至三层	铁质护栏木扶手,栏杆高1.15米
副楼梯	位于主体建筑南半部南端东侧	钢筋混凝土现浇楼梯	楼梯间总宽2.17米,踏步宽300毫米,自地下室起至三层	铁质护栏木扶手,栏杆高1.15米
室外楼梯	位于建筑中轴线交会处西南角,与主楼梯一、二层间休息平台相连接	钢筋混凝土现浇楼梯	长度7.42米,宽度1.4米,共29步	楼梯下部青砖砌筑墙体,上部安装铁质护栏,栏杆高1.1米

5.内门窗

十字楼室内门以带上亮对开玻璃木门为主,室内窗均为玻璃木窗(见表5.2至表5.4)。

表 5.2　十字楼一层门窗详表

类别	编号	数量	位置	尺寸	样式
门	M1	共1樘	入户门	门洞尺寸:1570mm× 2720mm(宽×高)	双扇带上亮平开木质玻璃门
	M2	共1樘	室内门	门洞尺寸:1800mm× 2800mm(宽×高)	对开木质板门
	M3	共12樘	室内门	门洞尺寸:880mm× 2720mm(宽×高)	带上亮单开木质玻璃门
	M4	共13樘	室内门	门洞尺寸:740mm× 2720mm(宽×高)	带上亮对开木质玻璃门
	M5	共2樘	室内门	门洞尺寸:1530mm× 2720mm(宽×高)	带上亮对开木质玻璃门
	M6	共5樘	室内门	门洞尺寸:1450mm× 2920mm(宽×高)	带上亮对开木质玻璃门
	M7	共9樘	室内门	门洞尺寸:1090mm× 2720mm(宽×高)	带上亮对开木质玻璃门
	M8	共1樘	室内门	门洞尺寸:2030mm× 2920mm(宽×高)	无上亮对开木质玻璃门

类别	编号	数量	位置	尺寸	样式
门	M9	共1樘	室内门	门洞尺寸：1450mm×2740mm（宽×高）	带上亮对开木质玻璃门
	M10	共1樘	—	门洞尺寸：1010mm×1520mm（宽×高）	带上亮单开木质玻璃门
	M11	共1樘	室内门	门洞尺寸：1090mm×2740mm（宽×高）	带上亮对开木质玻璃门
	M12	共1樘	室内门	门洞尺寸：770mm×2720mm（宽×高）	带上亮单开木质玻璃门
	M13	共1樘	室内门	门洞尺寸：1110mm×2720mm（宽×高）	带上亮对开木质玻璃门
	M14	共1樘	通往室外楼梯	门洞尺寸：1330mm×2610mm（宽×高）	带上亮对开木质板门
门联窗	MC1	共1樘	位于室内	洞口尺寸：1815mm×2720mm（宽×高）	带上亮单开门联窗
	MC2	共1樘	位于室内	洞口尺寸：1725mm×2720mm（宽×高）	带上亮单开门联窗
	MC3	共1樘	位于室内	洞口尺寸：1725mm×2720mm（宽×高）	带上亮单开门联窗
	MC4	共1樘	位于室内	洞口尺寸：1800mm×2770mm（宽×高）	带上亮单开门联窗

续表

类别	编号	数量	位置	尺寸	样式
窗	C1	共38樘	外檐窗	窗洞尺寸:1010mm×2000mm(宽×高)	带上亮上下提拉玻璃木窗
	C2	共5樘	外檐窗	窗洞尺寸:1740mm×2000mm(宽×高)	带上亮上下提拉玻璃木窗
	C3	共4樘	外檐窗	窗洞尺寸:1530mm×2000mm(宽×高)	带上亮对开玻璃木窗
	C4	共3樘	外檐窗	窗洞尺寸:810mm×2000mm(宽×高)	带上亮上下提拉玻璃木窗
	C5	共2樘	外檐窗	窗洞尺寸:1200mm×2000mm(宽×高)	带上亮对开玻璃木窗
	C6	共1樘	外檐窗	窗洞尺寸:410mm×2000mm(宽×高)	带上亮上下提拉玻璃木窗
	C7	共1樘	室内窗	窗洞尺寸:1030mm×1620mm(宽×高)	对开玻璃木窗
	C8	共8樘	室内窗	窗洞尺寸:940mm×1200mm(宽×高)	对开玻璃木窗
	C9	共2樘	室内窗	窗洞尺寸:900mm×1100mm(宽×高)	对开玻璃木窗

表 5.3　十字楼二层门窗详表

类别	编号	数量	位置	尺寸	样式
门	M3	共 4 樘	室内门	门洞尺寸：880mm×2720mm（宽×高）	带上亮单开木质玻璃门
	M4	共 12 樘	室内门	门洞尺寸：740mm×2720mm（宽×高）	带上亮对开木质玻璃门
	M5	共 1 樘	室内门	门洞尺寸：1530mm×2720mm（宽×高）	带上亮对开木质玻璃门
	M6	共 6 樘	室内门	门洞尺寸：1450mm×2920mm（宽×高）	带上亮对开木质玻璃门
	M7	共 16 樘	室内门	门洞尺寸：1090mm×2720mm（宽×高）	带上亮对开木质玻璃门
	M15	共 1 樘	室内门	门洞尺寸：740mm×2720mm（宽×高）	带上亮单开木质板门
	M16	共 1 樘	室内门	门洞尺寸：740mm×2100mm（宽×高）	带上亮对开木质玻璃门
	M17	共 1 樘	—	门洞尺寸：1020mm×2720mm（宽×高）	带上亮单开木质玻璃门
门联窗	MC1	共 1 樘	位于室内	洞口尺寸：1815mm×2720mm（宽×高）	带上亮单开门联窗
	MC3	共 1 樘	位于室内	洞口尺寸：1725mm×2720mm（宽×高）	带上亮单开门联窗

续表

类别	编号	数量	位置	尺寸	样式
门联窗	MC5	共1樘	位于室内	洞口尺寸:4580mm×2780mm(宽×高)	带上亮单开门联窗
窗	C1	共33樘	外檐窗	窗洞尺寸:1010mm×2000mm(宽×高)	带上亮上下提拉玻璃木窗
	C2	共5樘	外檐窗	窗洞尺寸:1740mm×2000mm(宽×高)	带上亮上下提拉玻璃木窗
	C3	共4樘	外檐窗	窗洞尺寸:1530mm×2000mm(宽×高)	带上亮对开玻璃木窗
	C4	共3樘	外檐窗	窗洞尺寸:810mm×2000mm(宽×高)	带上亮上下提拉玻璃木窗
	C6	共1樘	外檐窗	窗洞尺寸:410mm×2000mm(宽×高)	带上亮上下提拉玻璃木窗
	C7	共1樘	室内窗	窗洞尺寸:1030mm×1620mm(宽×高)	对开玻璃木窗
	C8	共6樘	室内窗	窗洞尺寸:940mm×1200mm(宽×高)	对开玻璃木窗
	C10	共6樘	外檐窗	窗洞尺寸:900mm×1100mm(宽×高)	对开玻璃木窗
	C11	共1樘	室内窗	窗洞尺寸:740mm×1100mm(宽×高)	对开玻璃木窗

表 5.4 十字楼三层门窗详表

类别	编号	数量	位置	尺寸	样式
门	M3	共2樘	室内门	门洞尺寸:880mm×2720mm(宽×高)	带上亮单开木质玻璃门
	M15	共1樘	室内门	门洞尺寸:740mm×2720mm(宽×高)	带上亮单开木质板门
	M18	共14樘	室内门	门洞尺寸:840mm×2720mm(宽×高)	带上亮单开木质板门
	M19	共1樘	室内门	门洞尺寸:1000mm×2920mm(宽×高)	带上亮单开木质板门
	M20	共1樘	室内门	门洞尺寸:1450mm×2920mm(宽×高)	带上亮单开木质板门
	M21	共1樘	室内门	门洞尺寸:920mm×2920mm(宽×高)	带上亮单开木质板门
	M22	共1樘	室内门	门洞尺寸:1190mm×2720mm(宽×高)	带上亮单开木质板门
窗	C1	共2樘	外檐窗	窗洞尺寸:1010mm×2000mm(宽×高)	带上亮上下提拉玻璃木窗
	C4	共2樘	外檐窗	窗洞尺寸:810mm×2000mm(宽×高)	带上亮上下提拉玻璃木窗
	C12	共2樘	外檐窗	窗洞尺寸:770mm×1650mm(宽×高)	带上亮上下提拉玻璃木窗
	LC1	共34樘	老虎窗	窗洞尺寸:940mm×1050mm(宽×高)	对开玻璃木窗

6.踢脚、门窗框

十字楼内墙下部设水泥砂浆踢脚,刷红色油饰。外门窗内侧及内门窗两侧施门窗框,刷红色油饰。

二、南、北关押房

关押房共分为两部分,即南关押房和北关押房,从东至西整体呈倒"八"字形布置。关押房屋面原为小青瓦屋面,1996年修缮时,改为红色机制板瓦屋面。

(一)南关押房

南关押房坐南朝北,硬山建筑,分为东、西两部分,两部分形制一致,各5间,共10间。(见图5.7)

屋面瓦件为烧结黏土红色机制板瓦,规格为350毫米×220毫米×40毫米(长×宽×厚)。正脊采用红色马鞍形盖脊瓦砌筑,尺寸为390毫米×200毫米×30毫米(长×宽×厚),高100毫米。垂脊青砖砌筑,高150毫米,宽320毫米。屋面共设一座方形青砖砌筑烟囱,位于东山墙处,其高出屋面820毫米,青砖规格为215毫米×110毫米×50毫米(长×宽×厚)。屋面自下而上做法为15—20毫米厚木望板—木瓦条挂瓦。墙体上部搁置檩条,以承托屋面重量。(见图5.8)

图 5.7 南关押房

图 5.8 南关押房砖檐

图 5.9 南关押房山墙

建筑墙体采用青砖砌筑，为烧结黏土砖，规格为 215 毫米×110 毫米×50 毫米（长×宽×厚），砌筑方式为五层顺砖、一层丁砖，墙厚230 毫米。檐口出檐六层，第二层为抽屉式，第四层为菱角式，是一种组合式砖檐，并环绕建筑一周。（见图 5.9）

室内墙面通体做白灰抹面，底部设水泥砂浆踢脚。顶部做灰板条吊顶。青条砖地面，铺砌方式为十字缝。房间门处均设过门石，青石砌筑。

南关押房前檐设单扇带上亮平开木门，共 10 樘；后檐设双扇无亮平开玻璃窗，共 10 扇（见表 5.5）。

表 5.5　南关押房门窗表

类别	编号	数量	位置	尺寸	做法	油饰
门	M1	共 10 樘	前檐门	门洞尺寸：1000mm×2280mm（宽×高）	单扇带上亮平开木门	外侧均做红色油饰，内侧均做浅黄色油饰
窗	C1	共 10 樘	后檐窗	窗洞尺寸：1000mm×1300mm（宽×高）	双扇无亮平开玻璃窗，底部设两皮青砖窗台	外侧均做红色油饰，内侧均做浅黄色油饰

(二)北关押房

北侧关押房东北—西南朝向,东西总长 36.6 米,南北总宽 4.5 米,建筑面积 164.7 平方米。(见图 5.10)

图 5.10　北关押房

屋面瓦件为烧结黏土红色机制板瓦,规格为 350 毫米×220 毫米×40 毫米(长×宽×厚)。正脊采用红色马鞍形盖脊瓦砌筑,尺寸为 390 毫米×200 毫米×30 毫米(长×宽×厚),高 100 毫米。垂脊青砖砌筑,高 150 毫米,宽 320 毫米。屋面共设两座方形青砖砌筑烟囱,东侧烟囱高出屋面 1450 毫米,西侧烟囱高出屋面 680 毫米,青砖规格为 215 毫米×110 毫米×50 毫米(长×宽×厚)。屋面自下而上做法为 15—20 毫米厚木望板—木瓦条挂瓦。墙体上部搁置檩条,以承托屋面重量。

建筑墙体采用青砖砌筑,青砖规格为 215 毫米×110 毫米×50 毫米(长×宽×厚),砌筑方式为五层顺砖、一层丁砖和空斗砌法,墙厚 230 毫米,檐口设灯笼檐。

室内墙面通体做白灰抹面,底部设水泥砂浆踢脚。顶部做灰板条吊顶。青条砖地面,铺砌方式为十字缝。房间门处均设过门石,青石砌筑。

北关押房前檐设单扇带上亮平开木门,共 12 樘;窗样式共 4 种(见表 5.6)。

表 5.6　北关押房门窗表

类别	编号	数量	位置	尺寸	做法	油饰
门	M1	共12樘	前檐门	门洞尺寸：880mm×2380mm（宽×高）	单扇带上亮平开木门，门上方发拱券	外侧均做铁红色油饰，内侧均做浅黄色油饰
窗	C1	共12樘	前檐窗	窗洞尺寸：800mm×1380mm（宽×高）	双扇无亮平开玻璃窗，窗上方发拱券，底部设两皮青砖窗台	外侧均做铁红色油饰，内侧均做浅黄色油饰
	C2	共8樘	后檐窗	窗洞尺寸：780mm×490mm（宽×高）	单扇无亮下开玻璃窗，窗上方发拱券	外侧均做铁红色油饰，内侧均做浅黄色油饰
	C3	共4樘	后檐窗	窗洞尺寸：780mm×880mm（宽×高）	双扇无亮平开玻璃窗，窗上方发拱券	外侧均做铁红色油饰，内侧均做浅黄色油饰
	C4	共1樘	位于西山墙	窗洞尺寸：930mm×870mm（宽×高）	双扇无亮平开玻璃窗，窗上方发拱券	外侧均做铁红色油饰，内侧均做浅黄色油饰

三、专家 1 号楼

(一)整体布局

专家 1 号楼坐北朝南,占地面积 176.95 平方米,建筑面积 441 平方米;建筑檐高 7.1 米,总高10.87米。

平面大体呈"凸"形,东西两侧设有阳台。正门位于南侧中央,由正门进入门厅,门厅两侧左右对称各三间,东、西两侧有廊道(见图 5.11);二层平面布局与一层基本相同。地下室:沿楼梯间中轴线左右对称各两间。

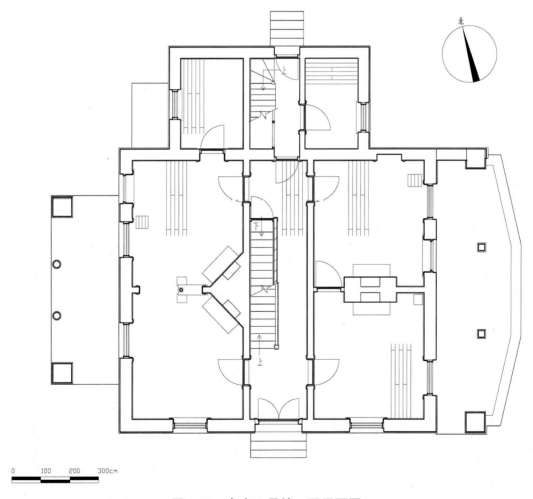

图 5.11　专家 1 号楼一层平面图

(二)结构体系

专家1号楼为砖石木混合结构,承重墙由黏土烧结砖和黑色玄武岩料石砌筑而成,屋架为木结构屋架。

1.屋架

专家1号楼屋架为木屋架,由四榀人字屋架、纵横向主梁、角梁、斜梁等组成,由铸铁件和木构件进行衔接。其中脊檩120毫米×240毫米,上弦125毫米×250毫米,下弦120毫米×190毫米。(见图5.12)

2.承重墙体

专家1号楼墙体由青砖砌筑,砌筑方式为四层顺砖、一层丁砖,一、二层墙厚420毫米,地下室墙体由黑色玄武岩料石砌筑。

3.柱

专家1号楼东西两侧阳台采用两根砖柱及两根木柱支撑。

砖柱截面尺寸为640毫米×640毫米,东侧砖柱高5.92米,西侧砖柱高6.02米。东侧方木柱截面尺寸为220毫米×220毫米,柱高5.8米,柱础高0.12米。西侧圆木柱柱径0.23米,柱高5.78米,柱础高0.24米。

4.楼板

专家1号楼楼板为木楼板,木楼板以木龙骨以及木板材构成。木楼板没有主梁,木龙骨直接架在墙上,将楼板荷载传至承重墙体上,木龙骨上承载木板条。木龙骨下设置灰板条吊顶。(见图5.13)

图5.12 专家1号楼屋架局部

图5.13 专家1号楼楼板局部

(三)外部构造体系

1.屋面

专家1号楼屋顶样式借鉴中国传统庑殿顶做法,铁皮瓦屋面,屋脊采用"∧"形铁皮盖脊瓦。屋面搭接处天沟采用铁皮铺装。铁皮瓦底部做有柔性防水层。屋面出檐处施挑檐沟、集水槽、落水管等排水系统。梁架之上铺设木质望板,厚40毫米。建筑檐部设椽子,出檐长度510毫米,椽截面尺寸为60毫米×120毫米(宽×高)。

2.外墙面

专家1号楼外墙面为青砖清水墙面。裙房屋檐设单层抽屉檐。

3.外门窗

专家1号楼外门除主入户门为双扇平开玻璃木门外,其余为单扇无亮平开木门;外窗以上下提拉玻璃木窗居多,窗外侧设窗台石,青石材质,厚120毫米。为减少雨水对木窗的侵蚀,窗台石外侧设置2%的泛水。(见图5.14、图5.15)

图 5.14　专家1号楼上下提拉玻璃木窗

图 5.15　上下提拉窗吊绳和滑轮

4.阳台

专家 1 号楼东西两侧设有阳台:一层阳台为青方砖地面;二层阳台为木楼板楼面,周围设木栏杆,栏杆高 1.1 米,外刷红色油饰。

5.踏跺

一层外门均设踏跺,青石砌筑。

6.台基

台基用毛石砌筑,阶条石压顶,露明部分高 480 毫米。

(四)内部构造体系

1.内墙

专家 1 号楼内墙厚 220 毫米,白灰抹面,底部设木踢脚。具体做法为墙体—20 毫米厚滑秸泥—5 毫米厚麻刀灰—白灰浆罩面。

2.楼地面

一层楼梯间为水泥砂浆地面,其余室内地面均为木质地板楼面,地板厚 30 毫米。二层均为木质地板楼面,地板厚 30 毫米。地下室为三合土地面。地下室西北角房间内,地面上留有圆形坑槽,正西、东北方向有暗沟与坑槽相连,具体作用有待进一步研究确定。

3.内门

专家 1 号楼内门以单扇无亮平开木门为主,表面多刷浅黄色油饰(见表 5.7)。

表 5.7　专家 1 号楼门窗详表

类别	编号	数量	位置	尺寸	做法	油饰
门	M1	共 1 樘	南立面大门	门洞尺寸：1620mm×3040mm（宽×高）	双扇带上亮平开玻璃木门，门上方发半圆券	内、外立面均为红色油饰
	M2	共 8 樘	室内门	门洞尺寸：920mm×2150mm（宽×高）	单扇无亮平开门	外立面红色油饰，内立面浅黄色油饰
	M3	共 4 樘	通往一层阳台门	门洞尺寸：1200mm×2620mm（宽×高）	单扇无亮上下提拉玻璃木门，门上方发木梳背券	外立面红色油饰，内立面浅黄色油饰
	M4	共 2 樘	西侧通往裙房门	门洞尺寸：880mm×2150mm（宽×高）	单扇无亮平开木门	外、内立面均为浅黄色油饰
	M5	共 1 樘	一层楼梯间门	门洞尺寸：880mm×2150mm（宽×高）	单扇无亮平开木门，门洞外侧做包边装修	内、外立面均为红色油饰
	M6	共 1 樘	裙房东墙通往室外门	门洞尺寸：920mm×2210mm（宽×高）	单扇无亮平开木门	内、外立面均为红色油饰
	M7	共 2 樘	房间 1 和 2、7 和 8 之间门	门洞尺寸：1050mm×2150mm（宽×高）	单扇无亮平开木门	内、外立面均为浅黄色油饰
	M8	共 2 樘	一层通往地下室、二层楼梯间门	门洞尺寸：820mm×2230mm（宽×高）	单扇无亮平开木门	内、外立面均为红色油饰

续表

类别	编号	数量	位置	尺寸	做法	油饰
门	M9	共4樘	通往二层阳台门	门洞尺寸：1200mm×2620mm（宽×高）	单扇无亮上下提拉玻璃木门，门上方发木梳背券	外立面红色油饰，内立面浅黄色油饰
	M10	共1樘	房间9和10之间门	门洞尺寸：840mm×2150mm（宽×高）	单扇无亮平开木门	内、外立面均为浅黄色油饰
	M11	共1樘	二层东侧通往裙房门	门洞尺寸：920mm×2150mm（宽×高）	单扇无亮平开木门	内、外立面均为浅黄色油饰
	M12	共1樘	小阳台门	门洞尺寸：920mm×2150mm（宽×高）	单扇带上亮平开玻璃木门	外立面红色油饰，内立面浅黄色油饰
	M13	共2樘	地下走廊通往地下房间1、2之间的门洞	门洞尺寸：1000mm×2050mm（宽×高）	无门扇	—
窗	C1	共2樘	前檐一层窗	窗洞尺寸：1200mm×2360mm（宽×高）	单扇无亮上下提拉玻璃窗，窗上方发半圆券，底部设窗台石	外立面红色油饰，内立面浅黄色油饰
	C2	共3樘	前檐二层窗	窗洞尺寸：1200mm×2050mm（宽×高）	单扇无亮上下提拉玻璃窗，窗上方发木梳背券，底部设窗台石	外立面红色油饰，内立面浅黄色油饰
	C3	共1樘	主体建筑西立面窗	窗洞尺寸：1000mm×940mm（宽×高）	双扇无亮平开玻璃窗，窗上方发木梳背券，底部设窗台石	外立面红色油饰，内立面浅黄色油饰

类别	编号	数量	位置	尺寸	做法	油饰
窗	C4	共1樘	裙房西立面一层窗	窗洞尺寸：1000mm×1820mm（宽×高）	单扇无亮上下提拉玻璃窗，窗上方发木梳背券，窗洞内侧底部设窗台石	外立面红色油饰，内立面浅黄色油饰
	C5	共1樘	主体建筑二层后檐西侧窗	窗洞尺寸：700mm×770mm（宽×高）	双扇无亮平开玻璃窗，窗上方发木梳背券，底部设窗台石	外立面红色油饰，内立面浅黄色油饰
	C6	共1樘	裙房西立面二层窗	窗洞尺寸：1000mm×740mm（宽×高）	双扇无亮平开玻璃窗，底部设窗台石	外立面红色油饰，内立面浅黄色油饰
	C7	共1樘	裙房北墙二层窗	窗洞尺寸：620mm×970mm（宽×高）	单扇无亮玻璃窗，窗上方发木梳背券，底部设窗台石	外立面红色油饰，内立面浅黄色油饰
	C8	共1樘	裙房东立面二层窗	窗洞尺寸：940mm×610mm（宽×高）	双扇无亮平开玻璃窗，底部设窗台石	外立面红色油饰，内立面浅黄色油饰
	C9	共1樘	主体建筑二层后檐东侧窗	窗洞尺寸：800mm×770mm（宽×高）	双扇无亮平开玻璃窗，窗上方发木梳背券，底部设窗台石	外立面红色油饰，内立面浅黄色油饰
	C10	共1樘	主体建筑东立面层窗	窗洞尺寸：1120mm×870mm（宽×高）	双扇无亮平开玻璃窗，窗上方发木梳背券，底部设窗台石	外立面红色油饰，内立面黄色油饰
	C11	共2樘	地下室前檐通风窗	窗洞尺寸：1200mm×400mm（宽×高）	双扇平开玻璃窗	外立面红色油饰，内立面浅黄色油饰

4.吊顶

室内一层、二层顶部做灰板条吊顶。

5.楼梯

专家 1 号楼共设 4 处楼梯,其中 3 处木质楼梯,1 处石质楼梯(见表 5.8)。

表 5.8　专家 1 号楼楼梯详表

序号	位置	材质	参数	栏杆
1	主体建筑一、二层之间竖向楼梯	木质	楼梯共 19 级踏步,宽 970 毫米,踏步高 180 毫米,踏板厚 30 毫米	木质栏杆,栏杆高 830 毫米
2	室内一层与地下室之间竖向楼梯	木质	楼梯宽为 900 毫米,踏步高为 210 毫米,踏板厚 30 毫米	无栏杆
3	裙房一、二层之间竖向楼梯	木质	楼梯共 17 级踏步,宽为 820 毫米,踏步高为 220 毫米,踏板厚 30 毫米	木质栏杆,栏杆高 950 毫米
4	地下室通往室地面	石质	楼梯共 8 级踏步,楼梯宽 1040 毫米,踏步高 210 毫米	无栏杆

6.通风孔

一层通风孔共 3 处,位于地板上;二层通风孔共 3 处,位于墙体下方,靠近踢脚线处。通风孔铁箅子尺寸为 350 毫米×300 毫米。(见图 5.16)

7.踢脚、门框、窗框

专家 1 号楼一、二层内墙与楼面交接处设木质踢脚,并刷红色油漆,与木楼面相统一。外门窗内侧、内门两侧施木门框、窗框,刷浅黄色油饰,与门窗油饰相统一。

图 5.16　专家 1 号楼二层通风孔

四、专家 2 号楼

(一)整体布局

建筑坐北朝南，占地面积 257.44 平方米，建筑面积 643.6 平方米，南北长 15.92 米，东西宽 23.32 米，建筑檐高 8.94 米，总高 11.67 米。(见图 5.17)

图 5.17 专家 2 号楼

平面呈"凸"字形，地上三层(带前廊)，南侧设有楼梯间用以连通各层。正门位于楼梯间对面，由正门进入门厅，门厅进入东、西两侧各三间；二层由木隔断将平面分为三间，三层为阁楼，共 1 间。(见图 5.18)

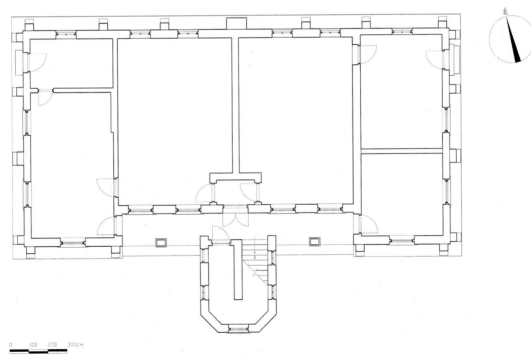

图 5.18 专家 2 号楼一层平面图

(二)结构体系

专家2号楼主体为砖木混合结构,其承重墙由烧结砖砌筑而成,屋架为木结构屋架。前廊为砖钢骨混凝土混合结构,支撑前廊的墙、柱由青砖砌筑而成,前廊楼板用工字钢密肋,中加混凝土、砖小拱。(见图5.19)

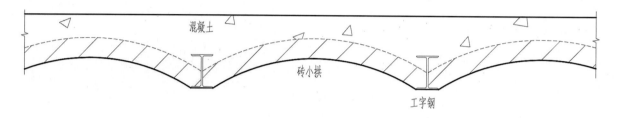

图5.19 前廊断面示意图

1.屋架

专家2号楼屋架为木屋架,由四榀三角梁架及纵横向主梁、角梁、斜梁等组成。其中上弦150毫米×220毫米,下弦130毫米×200毫米,斜撑150毫米×220毫米。(见图5.20)

2.承重墙体

墙体由青砖砌筑,青砖尺寸为215毫米×110毫米×50毫米,砌筑方式为四层顺砖、一层丁砖,前、后檐墙厚420毫米,东、西山墙厚370毫米,墙体顶部为灯笼檐。二层前廊女儿墙由青砖砌筑,宽300毫米,高880毫米,顶部设压顶石,压顶石厚120毫米。楼梯间墙厚420毫米,砌筑方式为四顺一丁。

图5.20 专家2号楼三角梁架

图5.21 专家2号楼东山墙扶壁柱

3.柱

前檐柱:前出廊采用两根砖柱支撑,砖柱截面尺寸为300毫米×440毫米,柱高7.49米,后檐墙正中设砖柱一根,砖柱截面尺寸为580毫米×1040毫米,柱高10.49米。

扶壁柱:专家2号楼外立面四周设扶壁柱,共18根。其中东、西山墙各设有一根柱高7.87米,截面尺寸为580毫米×670毫米的扶壁柱,下部做水泥砂浆抹面;其余扶壁柱高4.02米,截面尺寸为580毫米×440毫米,表层做水泥砂浆抹面。(见图5.21)

木方柱:二层室内设有木方柱两根,木方柱坐落在一层内墙上,支撑阁楼两端三角形梁架,木方柱截面尺寸为160毫米×160毫米,柱高3.66米。

4.楼板

专家2号楼楼板为木楼板,木楼板以木龙骨以及木板材构成。木楼板没有主梁,木龙骨直接架在墙上,将楼板荷载传至外墙砌体,木龙骨上承载木板条。木龙骨下设置灰板条吊顶。

(三)外部构造体系

1.屋面

专家2号楼为铁皮瓦屋面,屋脊采用"∧"形铁皮盖脊瓦。屋面搭接处天沟采用铁皮铺装。屋面设通气孔三处,铁皮制作。铁皮瓦底部做有柔性防水层。屋面出檐处施挑檐沟、集水槽、落水管等排水系统。梁架之上铺设木质望板,厚40毫米。建筑檐部设椽子,出檐长度540毫米,椽截面尺寸为60毫米×120毫米(宽×高)。遮椽板厚度为40毫米。(见图5.22)

2.外墙面

专家2号楼外墙上身为青砖清水墙面,下碱水泥砂浆抹面,外刷灰色涂料。

3.门窗

专家2号楼外门为单开或双开木门;外窗为对开或上下提拉玻璃木窗,窗外侧设窗台石,青石材质,厚120毫米。门窗外表面以红色油饰为主,内侧以浅黄色油饰为主。不同于十字楼、专家1号楼等建筑,专家2号楼上下提拉玻璃木窗未采用滑轮、吊绳、铸铁配重等构件,而是采用发条弹簧来平衡窗扇重量的做法。(见图5.23、表5.9)

图 5.22　专家 2 号楼屋面

图 5.23　上下提拉玻璃木窗发条弹簧

表 5.9　专家 2 号楼门窗详表

类别	编号	数量	位置	尺寸	做法	油饰
门	M1	共 1 樘	一层南立面大门	门洞尺寸：1230mm×3280mm（宽×高）	门上方发木梳背券	门框为红色油饰
	M2	共 4 樘	一层、二层外廊两端门	门洞尺寸：1020mm×2290mm（宽×高）	单扇无亮平开木门	外立面红色油饰、内立面浅黄色油饰
	M3	共 2 樘	山墙面大门	门洞尺寸：1020mm×3330mm（宽×高）	单扇带上亮平开玻璃木门，门上方发木梳背券	外立面红色油饰、内立面浅黄色油饰
	M4	共 2 樘	一层室内门	门洞尺寸：980mm×2320mm（宽×高）	单扇无亮平开木门	外立面红色油饰、内立面浅黄色油饰
	M5	共 2 樘	一层室内门，一层楼梯间门	门洞尺寸：1020mm×2340mm（宽×高）	单扇无亮平开木门，门上方发木梳背券	M5-1 内、外立面均为浅黄色油饰；M5-2 内、外立面均为红色油饰

类别	编号	数量	位置	尺寸	做法	油饰
门	M6	共1樘	一层室内门	门洞尺寸：1000mm×2320mm（宽×高）	单扇无亮平开木门	内、外立面均为浅黄色油饰
	M7	共1樘	一层室内门	门洞尺寸：820mm×2150mm（宽×高）	单扇无亮平开木门	内、外立面均为浅黄色油饰
	M8	共1樘	二层南立面大门	门洞尺寸：1410mm×3340mm（宽×高）	双扇带上亮双开玻璃木门，门上方发木梳背券	内、外立面均为红色油饰
	M9	共1樘	阁楼大门	门洞尺寸：1200mm×1840mm（宽×高）	双扇带上亮平开玻璃木门	内、外立面均为浅黄色油饰
窗	C1	共8樘	前檐及山墙一层窗	窗洞尺寸：1290mm×2470mm（宽×高）	单扇无亮上下提拉玻璃窗，窗上方发木梳背券，窗洞底部设窗台石	外立面红色油饰、内立面浅黄色油饰
	C2	共2樘	前檐一层两侧窗	窗洞尺寸：1300mm×2360mm（宽×高）	单扇无亮上下提拉玻璃窗，窗上方发半圆券，窗洞底部设窗台石	外立面红色油饰、内立面浅黄色油饰
	C3	共6樘	后檐一层窗	窗洞尺寸：1060mm×1740mm（宽×高）	无亮上悬内开玻璃窗，窗上方发木梳背券，窗洞底部设窗台石	外立面红色油饰、内立面浅黄色油饰
	C4	共2樘	楼梯间东立面一、二层窗	窗洞尺寸：720mm×2180mm（宽×高）	单扇无亮上下提拉玻璃窗，窗上方发木梳背券	外立面红色油饰、内立面浅黄色油饰

续表

类别	编号	数量	位置	尺寸	做法	油饰
窗	C5	共1樘	楼梯间东立面一层窗	窗洞尺寸：720mm×1540mm（宽×高）	单扇无亮上下提拉玻璃窗，窗上方发木梳背券	外立面红色油饰、内立面浅黄色油饰
	C6	共1樘	楼梯间南立面一层窗	窗洞尺寸：1040mm×2060mm（宽×高）	单扇无亮上下提拉玻璃窗，窗上方发木梳背券	外立面红色油饰、内立面浅黄色油饰
	C7	共2樘	楼梯间西立面一、二层窗	窗洞尺寸：720mm×2180mm（宽×高）	单扇无亮上下提拉玻璃窗，窗上方发木梳背券	外立面红色油饰、内立面浅黄色油饰
	C8	共2樘	楼梯间西立面一层窗	窗洞尺寸：940mm×610mm（宽×高）	单扇无亮上悬外开玻璃窗，窗上方发木梳背券	内、外立面均为红色油饰
	C9	共4樘	前檐二层窗	窗洞尺寸：1220mm×2350mm（宽×高）	双扇平开玻璃窗，窗上方发木梳背券，窗洞底部设窗台石	外立面红色油饰、内立面浅黄色油饰
	C10	共2樘	前檐二层两侧窗	窗洞尺寸：1220mm×2350mm（宽×高）	双扇平开玻璃窗，窗上方发木梳背券，窗洞底部设窗台石	外立面红色油饰、内立面浅黄色油饰
	C11	共6樘	山墙二层窗	窗洞尺寸：1220mm×2350mm（宽×高）	双扇平开玻璃窗，窗上方发木梳背券，窗洞底部设窗台石	外立面红色油饰、内立面浅黄色油饰
	C12	共6樘	后檐二层窗	窗洞尺寸：1240mm×1360mm（宽×高）	单扇无亮上悬内开玻璃窗，窗上方发木梳背券，窗洞底部设窗台石	外立面红色油饰、内立面浅黄色油饰

续表

类别	编号	数量	位置	尺寸	做法	油饰
窗	C13	共1樘	楼梯间东立面二层窗	窗洞尺寸：720mm×1420mm（宽×高）	单扇无亮上下提拉玻璃窗，窗上方发木梳背券	外立面红色油饰、内立面浅黄色油饰
	C14	共1樘	楼梯间南立面二层窗	窗洞尺寸：1040mm×3270mm（宽×高）	单扇无亮上下提拉玻璃窗，窗上方发木梳背券	外立面红色油饰、内立面浅黄色油饰
	C15	共1樘	楼梯间西立面三层窗	窗洞尺寸：720mm×1150mm（宽×高）	单扇无亮上下提拉玻璃窗，窗上方发木梳背券	外立面红色油饰、内立面浅黄色油饰
	C16	共2樘	楼梯间东、西立面三层窗	窗洞尺寸：720mm×700mm（宽×高）	单扇无亮上下提拉玻璃窗	外立面红色油饰、内立面黄色油饰
	C17	共2樘	后檐三层窗	窗洞尺寸：780mm×850mm（宽×高）	双扇平开玻璃窗，窗洞底部设窗台石	外立面红色油饰、内立面黄色油饰
	C18	共4樘	前、后檐三层窗	窗洞尺寸：1680mm×860mm（宽×高）	四扇平开玻璃窗	外立面红色油饰、内立面浅黄色油饰
	C19	共4樘	前、后檐三层老虎窗	窗洞尺寸：1960mm×900mm（宽×高）	四扇平开玻璃窗，窗洞底部设窗台石	外立面红色油饰、内立面浅黄色油饰

4.雕饰

专家 2 号楼东西两侧女儿墙外立面下部各设雕饰两处,共 4 幅,其雕饰内容尽显中国传统元素,包含夔龙、寿字、牡丹等图案。(见图 5.24)

5.前廊

专家 2 号楼南立面前出廊,宽 1.62m,水泥砂浆地面,前廊门入口处地面铺设 4 块方形瓷砖,瓷砖内部纹饰清晰可辨。二层外廊底部采用砖连拱的形式支撑上部荷载。

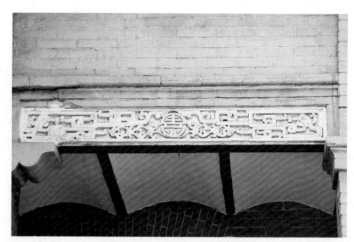

图 5.24　专家 2 号楼雕饰

6.踏跺

山墙面大门 M3 及一层前廊处均设青石踏跺。

7.散水

散水青砖砌筑,水泥砂浆抹面,宽 720 毫米。

(四)内部构造体系

图 5.25　专家 2 号楼青砖地面下烟道

1.内墙

专家 2 号楼一层内墙厚 350 毫米,白灰抹面,内墙面具体做法为墙体—20 毫米厚滑秸泥—5 毫米厚麻刀灰—白灰浆罩面。二层室内无隔墙。阁楼室内隔墙为灰板条隔断,位于东西两侧梁架处,该墙体起不到结构作用,仅用于功能空间的分隔。

2.内门

专家 2 号楼内门均为平开单扇木门。

3.吊顶

专家 2 号楼一层、二层及阁楼施灰板条吊顶。

4.楼地面

一层室内为青方砖地面,地面下施烟道,与中国北方地区土炕做法相似,为专家2号楼最初的取暖设备(见图5.25)。火炉、烟囱现已无考。二层及阁楼均为木质地板楼面,地板厚30毫米。楼梯间为水泥砂浆地面。

5.踢脚、门框、窗框

专家2号楼一、二层内墙与楼地面交接处设木质踢脚,并刷红色油漆。外门窗内侧、内门两侧施木门框、窗框,刷浅黄色油饰,与门窗油饰相统一。

6.楼梯

专家2号楼楼梯间内青石平行双跑楼梯,每跑11级踏步,楼梯宽为1330毫米,踏步高为160毫米。

五、文美楼

(一)整体布局

文美楼坐西朝东,建筑南北总长18.84米,东西总宽15.04米,占地面积229.67平方米,建筑面积444.37平方米,建筑檐高7.36米,总高13.35米。文美楼地上两层,其中一层建筑面积229.67平方米,二层建筑面积153.78平方米,地下一层,建筑面积60.92平方米。(见图5.26)

平面呈不规则图形,南侧向外突出为建筑阳台,北侧搭建单层裙房。文美楼入

图5.26 文美楼

口共5个,东侧2个,西侧3个,其中主入口位于东侧中央,主入口进入门厅(廊),南侧依次进入5个房间及阳台,北侧进入4个房间(含裙房3个房间),至门厅(廊)西端至木质楼梯通往二层;2座木楼梯至二层,二层共有7个房间、1个阳台,二层布局与一层布局基本一致;1座木楼梯通往

地下室,地下室共 3 间,其中东侧为夹层高度约 0.71 米。

(二)结构体系

文美楼承重墙由烧结砖和黑色玄武岩料石砌筑而成,屋架为木结构屋架,属砖石木结构体系。

1.屋架

文美楼屋架为木屋架,由四根角梁、角梁上铺设的楞木,底部纵横向主梁及斜向次梁组成梁架支撑系统。裙房屋架为硬山搁檩式。室内木屋架仅做防腐防虫处理,无油饰。(见图 5.27)

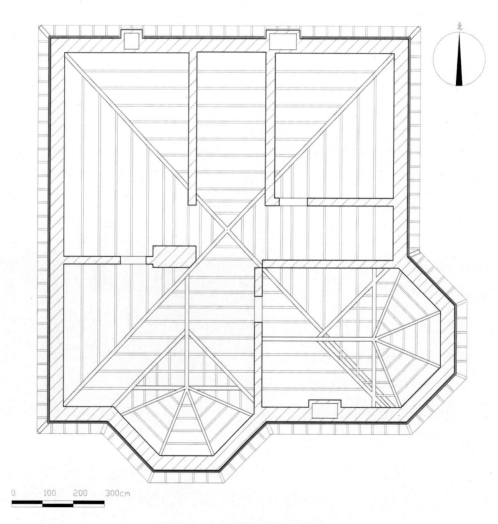

图 5.27　文美楼屋架仰视图

2.承重墙体

墙体采用青砖砌筑,墙体厚 420 毫米,墙体中部做直檐腰线,北侧裙房顶部设双层菱角檐。地下室由黑色玄武岩料石砌筑,墙厚 330 毫米。

3.楼板

文美楼楼板为木楼板,木楼板以木龙骨以及木板材构成。木龙骨直接架在墙上,将楼板荷载传至外墙砌体, 木龙骨截面为 290 毫米×60 毫米(高×厚),间距 340 毫米,木龙骨之间施剪刀形木斜撑。

图 5.28　文美楼东北立面

4.柱

文美楼南侧二层阳台采用 3 根砖柱支撑,柱截面尺寸分别为 580 毫米×580 毫米、580 毫米×360 毫米、580 毫米×580 毫米。

(三)外部构造体系

1.屋面

文美楼始建之初屋面应为筒板瓦屋面。后期使用过程中,将屋面改为红色机制板瓦屋面(见图 5.28、图 5.29),并铺设柔性防水层,现屋面的做法为 20 毫米厚木望板—柔性防水层—木瓦条—红色机制板瓦。屋脊为现代圆形筒瓦屋脊,顶部设葫芦宝顶一座。屋面搭接处天沟采用镀锌铁皮铺装。屋面共设四座烟囱,采用青砖砌筑,通过墙体烟道与室内壁炉连接。梁架檩木铺设木质望板,望板厚 30 毫米。建筑檐部设平椽,出檐长度 450 毫米,规格为 200 毫米×65 毫米(高×厚)。阳台设直椽,规格为 100 毫米×100 毫米(高×厚)。椽头上部均设遮椽板。遮椽板刷红色油饰, 平椽及望板出檐部分刷红色油饰,阳台直椽及望板刷红色油饰,椽头刷红色油

图 5.29　文美楼上带有"义合东监制"铭文的红色机制板瓦

饰,室内椽望未做油饰。

2.外墙面

文美楼外墙面原为青砖清水墙面,后使用水泥砂浆抹面并做有假缝。

3.外门窗

文美楼外门均为单扇平开玻璃木门,门外侧施红色油饰,内侧施浅黄色油饰;外窗以上下提拉玻璃木窗居多,窗洞外侧设窗台石,青石材质,厚120毫米,窗上方发木梳背券。

4.阳台

文美楼南侧设有阳台,一层阳台为青方砖地面;二层阳台为木楼板楼面,周围设木栏杆,栏杆高0.84米,外刷红色油饰。木板楼面下施纵横向木梁,木梁支撑在青砖墙体和砖柱上。

5.踏跺

入户门 M1、M2、M3、M4 处施青石踏跺,共 5 处。

6.台明

台明黑色玄武岩砌筑,阶条石压顶,外用红色砂浆抹面并画假缝,台明高 600 毫米。

(四)内部构造体系

1.内墙

文美楼室内隔墙用红砖砌筑,厚220毫米,底部设木踢脚,内墙阳角均做圆木条倒角。二层吊顶之上至屋面望板墙体采用红砖砌筑,间杂青砖。地下室隔墙用黑色玄武岩料石砌筑。

内墙面为白灰饰面,地下室内墙未做抹面。

2.内门

文美楼室内门多为单扇平开木门,室内无窗。内门合页等均基本保留原有五金样式。室内门 M17 为单扇无亮内、外双开木门,弹簧铰链制作方式独具特色。(见图5.30、表5.10)

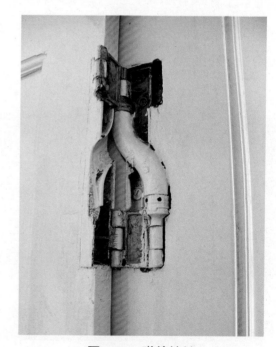

图 5.30　弹簧铰链

表 5.10 文美楼门窗详表

类别	编号	数量	位置	尺寸	做法	油饰
门	M1	共 1 樘	一层东立面大门，主入户门	门洞尺寸：1080mm×2900mm（宽×高）	单扇带上亮平开玻璃木门，门上方发半圆券	门外侧施红色油饰，内侧施浅黄色油饰
	M2	共 1 樘	裙房东侧入户门	门洞尺寸：1000mm×2990mm（宽×高）	单扇无亮平开玻璃木门，门上方发木梳背券	门外侧施红色油饰，内侧施浅黄色油饰
	M3	共 1 樘	裙房西侧入户门	门洞尺寸：1000mm×2250mm（宽×高）	单扇无亮平开玻璃木门，门上方发木梳背券	门外侧施红色油饰，内侧施浅黄色油饰
	M4	共 2 樘	主体建筑西侧入户门	门洞尺寸：1000mm×2740mm（宽×高）	单扇带上亮平开玻璃木门，门上方发木梳背券	门外侧施红色油饰，内侧施浅黄色油饰
	M5	共 2 樘	通往一、二层阳台	门洞尺寸：1070mm×2730mm（宽×高）	单扇无亮上下提拉玻璃木门，门上方发木梳背券	门外侧施红色油饰，内侧施浅黄色油饰
	M6	共 2 樘	通往一、二层阳台	门洞尺寸：960mm×2730mm（宽×高）	单扇无亮上下提拉玻璃木门，门上方发木梳背券	门外侧施红色油饰，内侧施浅黄色油饰
	M7	共 1 樘	室内门	门洞尺寸：880mm×2170mm（宽×高）	单扇无亮平开玻璃木门	浅黄色油饰
	M8	共 1 樘	室内门	门洞尺寸：880mm×2170mm（宽×高）	单扇无亮平开木门	浅黄色油饰

类别	编号	数量	位置	尺寸	做法	油饰
门	M9	共1樘	室内门	门洞尺寸：880mm×2170mm（宽×高）	单扇无亮平开木门,门洞做包边装修	浅黄色油饰
	M10	共2樘	室内门	门洞尺寸：880mm×2170mm（宽×高）	单扇无亮平开木门	浅黄色油饰
	M11	共1樘	室内门	门洞尺寸：920mm×2170mm（宽×高）	单扇无亮平开木门,门洞做包边装修	浅黄色油饰
	M12	共1樘	室内门	门洞尺寸：1020mm×2170mm（宽×高）	单扇无亮平开玻璃木门	浅黄色油饰
	M13	共1樘	通往地下室	门洞尺寸：860mm×2170mm（宽×高）	单扇无亮平开玻璃木门	浅黄色油饰
	M14	共1樘	室内门	门洞尺寸：900mm×2170mm（宽×高）	单扇无亮平开木门	浅黄色油饰
	M15	共2樘	室内门	门洞尺寸：920mm×2170mm（宽×高）	单扇无亮平开木门	浅黄色油饰
	M16	共1樘	室内门	门洞尺寸：920mm×2170mm（宽×高）	单扇无亮平开木门	浅黄色油饰

续表

类别	编号	数量	位置	尺寸	做法	油饰
门	M17	共2樘	室内门	门洞尺寸：820mm×2170mm（宽×高）	单扇无亮内、外双开弹簧木门	浅黄色油饰
	M18	共1樘	室内门	门洞尺寸：2140mm×2350mm（宽×高）	两扇对开轨道木门	浅黄色油饰
	M19	共1樘	室内门	门洞尺寸：920mm×2170mm（宽×高）	单扇无亮平开木门	浅黄色油饰
	M20	共1樘	室内门	门洞尺寸：745mm×2170mm（宽×高）	单扇无亮平开木门，门洞做包边装修	浅黄色油饰
	M21	共2樘	室内门	门洞尺寸：860mm×2170mm（宽×高）	单扇无亮平开木门	浅黄色油饰
	M22	共3樘	室内门	门洞尺寸：860mm×2170mm（宽×高）	单扇无亮平开木门	浅黄色油饰
	M24	共2樘	室内门	门洞尺寸：860mm×2170mm（宽×高）	单扇无亮平开木门	浅黄色油饰
窗	C1	共8樘	一层外檐窗	窗洞尺寸：1070mm×2180mm（宽×高）	上下提拉玻璃木窗，窗上方发木梳背券，窗洞底部设窗台石	窗外侧施红色油饰，内侧施浅黄色油饰

续表

类别	编号	数量	位置	尺寸	做法	油饰
窗	C2	共1樘	一层外檐窗	窗洞尺寸：1150mm×2180mm（宽×高）	上下提拉玻璃木窗，窗上方发木梳背券，窗洞底部设窗台石	窗外侧施红色油饰，内侧施浅黄色油饰
	C3	共1樘	一层外檐窗	窗洞尺寸：1070mm×1210mm（宽×高）	上下提拉玻璃木窗，窗上方发木梳背券，窗洞底部设窗台石	窗外侧施红色油饰，内侧施浅黄色油饰
	C4	共2樘	一层外檐窗	窗洞尺寸：620mm×820mm（宽×高）	上下提拉玻璃木窗，窗上方发木梳背券，窗洞底部设窗台石	窗外侧施红色油饰，内侧施浅黄色油饰
	C5	共1樘	一层外檐窗	窗洞尺寸：740mm×1590mm（宽×高）	上下提拉玻璃木窗，窗上方发木梳背券，窗洞底部设窗台石	窗外侧施红色油饰，内侧施浅黄色油饰
	C6	共1樘	一层外檐窗	窗洞尺寸：970mm×1700mm（宽×高）	上下提拉玻璃木窗，窗上方发木梳背券，窗洞底部设窗台石	窗外侧施红色油饰，内侧施浅黄色油饰
	C7	共1樘	一层外檐窗	窗洞尺寸：970mm×1700mm（宽×高）	上下提拉玻璃木窗，窗上方发木梳背券，窗洞底部设窗台石	窗外侧施红色油饰，内侧施浅黄色油饰
	C8	共1樘	一层外檐窗	窗洞尺寸：810mm×2180mm（宽×高）	上下提拉玻璃木窗，窗上方发木梳背券，窗洞底部设窗台石	窗外侧施红色油饰，内侧施浅黄色油饰

续表

类别	编号	数量	位置	尺寸	做法	油饰
窗	C9	共7樘	二层外檐窗	窗洞尺寸：1070mm×2060mm（宽×高）	上下提拉玻璃木窗,窗上方发木梳背券,窗洞底部设窗台石	窗外侧施红色油饰,内侧施浅黄色油饰
	C10	共1樘	二层外檐窗	窗洞尺寸：1070mm×1110mm（宽×高）	双扇对开玻璃木窗,窗上方发木梳背券,窗洞底部设窗台石	窗外侧施红色油饰,内侧施浅黄色油饰
	C11	共1樘	二层外檐窗	窗洞尺寸：1010mm×2180mm（宽×高）	上下提拉玻璃木窗,窗上方发木梳背券,窗洞底部设窗台石	窗外侧施红色油饰,内侧施浅黄色油饰
	C12	共1樘	二层外檐窗	窗洞尺寸：720mm×680mm（宽×高）	单扇无亮平开玻璃木窗,窗上方发木梳背券,窗洞底部设窗台石	窗外侧施红色油饰,内侧施浅黄色油饰
	C13	共2樘	二层外檐窗	窗洞尺寸：890mm×2060mm（宽×高）	上下提拉玻璃木窗,窗上方发木梳背券,窗洞底部设窗台石	窗外侧施红色油饰,内侧施浅黄色油饰
	C14	共2樘	二层外檐窗	窗洞尺寸：890mm×2060mm（宽×高）	上下提拉玻璃木窗,窗上方发木梳背券,窗洞内侧做包边装修,窗洞底部设窗台石	窗外侧施红色油饰,内侧施浅黄色油饰
	C15	共2樘	二层外檐窗	窗洞尺寸：890mm×1120mm（宽×高）	上下提拉玻璃木窗,窗上方发木梳背券,窗洞底部设窗台石	窗外侧施红色油饰,内侧施浅黄色油饰

3.楼地面

文美楼大部分房间内部铺设木地板,木板厚30毫米,木地板表面施红色油饰。文美楼一层阳台、裙房地面为青方砖地面,青方砖尺寸为260毫米×260毫米×60毫米(长×宽×厚)。地下室为三合土地面。

4.吊顶

灰板条吊顶做法。

5.踢脚、门框、窗框

文美楼一、二层内墙与楼地面交接处设木质踢脚,并刷红色油漆。外门窗内侧、内门两侧施木门框、窗框,刷浅黄色油饰,与门窗油饰相统一。

6.楼梯

文美楼共设楼梯2部。主楼梯为木质两段式楼梯,中部设楼梯平台,平台上部为单向楼梯,下部为双向楼梯,分别通向不同房间,交会于平台。楼梯设木质栏杆。楼梯单向净宽为1120毫米,踏步高为215毫米,宽为195毫米(见图5.31)。另外一部楼梯从一层通往地下室,为木质单向楼梯,共11级,净宽为1060毫米,踏步高为210毫米,宽为230毫米。

图 5.31　文美楼主楼梯

六、文华楼

(一)整体布局

文华楼建筑坐北朝南,建筑东西总长22.97米,南北总宽17.5米,占地面积268.61平方米,建筑面积581.55平方米,主体建筑檐高7.59米,总高12.69米。文华楼地上两层,其中一层建筑面积268.61平方米,二层建筑面积200.56平方米;地下一层,建筑面积112.38平方米。(见图5.32)

图 5.32　文华楼

　　文华楼主体建筑平面不规则，近似矩形，主楼东南角呈八角形向外凸出，主体建筑北侧建有裙房。文华楼入口共 4 个，其中南侧 2 个，北侧与东侧各 1 个，建筑主入口位于南立面中央位置，前檐设月台，正门进入门厅，东、西两侧各进入两个房间，向北通往二层楼梯与北侧裙房，裙房主入口为北侧、东侧门。主体建筑及裙房各设一楼梯至二楼，二层平面布置与一层基本一致，二层施出挑阳台，阳台设花墙，青石压顶。(见图 5.33)

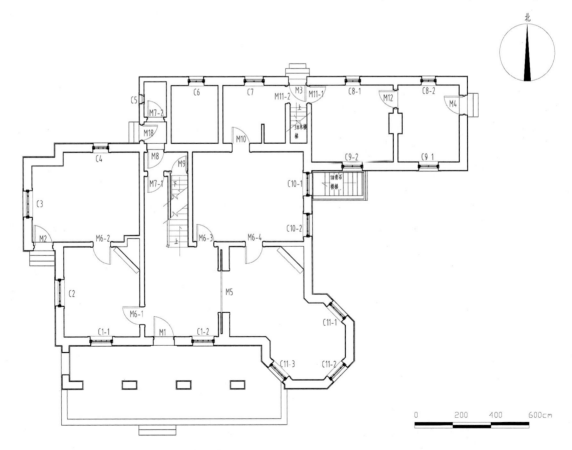

图 5.33　文华楼一层平面图

(二)结构体系

文华楼主体结构为砖石木结构体系,其承重墙由烧结砖和黑色玄武岩料石砌筑而成,屋架为木结构屋架。二层阳台为砖钢骨混凝土混合结构,支撑阳台的墙、柱由青砖砌筑而成,楼板用工字钢密肋,中加混凝土、砖小拱。

1.屋架

文华楼屋架为木屋架,主体建筑施三角形梁架,主梁截面为210毫米×120毫米,主梁上出矮柱承托檩木,矮柱逐步加长以保证屋面曲线柔缓,檩木截面为160毫米×60毫米。文华楼西侧裙楼梁架下弦伸入房间内部,下弦未采用木材制作,而是采用φ30(直径30毫米)钢筋连接上弦,节省房间内部空间(见图5.34)。东北裙房为三角木梁架。

2.承重墙体

墙体用青砖砌筑,墙体厚430毫米,内侧红砖背里,一层窗洞上出二道直檐腰线,环绕主体建筑一周,二层檐口出抽屉檐。地下室用黑色玄武岩料石砌筑,墙厚340毫米。

图5.34 文华楼西侧裙楼梁架

图5.35 文华楼西立面

3.楼板

文华楼楼板为木楼板,木楼板以木龙骨以及木板材构成。木龙骨直接架在墙上,将楼板荷载传至外墙砌体,木龙骨截面为290毫米×60毫米(高×厚),间距450毫米,木龙骨之间施剪刀形木斜撑。

4.券柱

文华楼前檐用椭圆形连续券券脚直接落在砖柱上，柱截面尺寸均为 710 毫米×370 毫米,柱头与券脚之间垫一小段砖檐。

(三)外部构造体系

1.屋面

文美楼主体建筑屋面类似传统歇山顶屋面,其东南为两层八角攒尖建筑,与主体建筑紧密连接为一体;东北侧裙房屋面分为两部分,西半部分为单坡屋面,与主体建筑后檐搭接,东半部分为硬山双坡屋面;西侧裙楼为单坡屋面。(见图 5.35、图 5.36)

文华楼始建之初屋面应为筒板瓦屋面。后期使用过程中,将屋面改为红色机制板瓦屋面,并铺设柔性防水层,现屋面的做法为 20 毫米厚木望板—柔性防水层—木瓦条—红色机制板瓦。屋脊采用马鞍形盖脊瓦砌筑,脊瓦尺寸为 390 毫米×200 毫米×30 毫米(长×宽×厚),高 100 毫米。主体建筑正脊及东撒头各出一根烟囱。东撒头处烟囱青砖砌筑,平面呈矩形,每面出两排丁砖形成装饰线条直至檐口,檐口青砖叠瑟出檐,上下出檐间形成束腰,最上层出砖垛,顶部加混凝土盖板,其高出屋面 4.98 米,高出正脊 0.66 米。东侧双坡顶裙房中间出烟囱,青砖砌筑,烟囱截面为 1040 毫米×710 毫米。梁架檩木铺设木质望板,望板厚 20 毫米,望板出檐部分刷红色油饰。出檐处木椽尾部做榫插入檩木,加钉与檩木连接,依靠木榫卯及砖墙摩擦力固定伸出,木椽悬挑出墙体 660 毫米,椽子出檐部分刷红色油饰。椽头上部均设遮椽板,刷红色油饰。

2.外墙面

文华楼外墙面原为青砖清水墙面,后使用水泥砂浆抹面并做有假缝。

3.外门窗

文华楼外门均为单扇平开玻璃木门,门外侧施红色油饰,内侧施浅黄色油饰;外窗以上下提拉玻璃木窗居多,窗洞外侧设窗台石,青石材质,厚 120 毫米,窗上方发木梳背券,间或设置半圆对开券窗。门窗合页等均基本保留原有五金样式。

4.月台、阳台

文华楼南侧一层设有月台,青方砖地面;二层阳台为露天阳台,水泥砂浆地面,周围砌筑青

砖花墙,墙高0.72米。二层阳台底部施纵联排砖拱,支撑上部荷载。(见图5.37)

图 5.36　文华楼屋面

图 5.37　文华楼月台

5.踏跺

月台及入户门 M2、M3、M4 处施青石踏跺,共 4 处。地下室通往室外踏跺青石砌筑,宽1.16米,共9级。

6.台明

文华楼台明用黑色玄武岩砌筑,阶条石压顶,外用红色砂浆抹面并画假缝,台明高700毫米。

(四)内部构造体系

1.内墙

文华楼室内隔墙用红砖砌筑,厚150—240毫米不等,底部设木踢脚,内墙阳角均做圆木条倒角。地下室隔墙用黑色玄武岩料石砌筑。

内墙面为白灰饰面,地下室内墙未做抹面。

2.内门窗

文华楼室内门以单扇平开木门居多,室内门 M5 为两扇对开轨道木门,制作方式独具特色;室内无窗(见表5.11)。内门合页等均基本保留原有五金样式。

表 5.11　文华楼门窗详表

类别	编号	数量	位置	尺寸	做法	油饰
门	M1	共1樘	一层南立面大门，主入户门	门洞尺寸：1080mm×2785mm（宽高）	单扇带上亮平开玻璃木门，门上方发半圆券	门外侧施红色油饰，内侧施浅黄色油饰
	M2	共1樘	西侧入户门	门洞尺寸：1020mm×2240mm（宽×高）	单扇无亮平开玻璃木门，门上方青石过梁	门外侧施红色油饰，内侧施浅黄色油饰
	M3	共1樘	北侧入户门	门洞尺寸：950mm×2785mm（宽×高）	单扇带上亮平开玻璃木门，门上方发木梳背券	门外侧施红色油饰，内侧施浅黄色油饰
	M4	共1樘	东侧入户门	门洞尺寸：1000mm×2270mm（宽×高）	单扇平开木门，门上方发木梳背券	门外侧施红色油饰，内侧施浅黄色油饰
	M5	共1樘	室内门	门洞尺寸：2090mm×2180mm（宽×高）	两扇对开轨道木门	浅黄色油饰
	M6	共4樘	室内门	门洞尺寸：880mm×2180mm（宽×高）	单扇无亮平开木门	浅黄色油饰
	M7	共2樘	室内门	门洞尺寸：820mm×2180mm（宽×高）	单扇无亮平开木门，门洞做包边装修	浅黄色油饰
	M8	共1樘	室内门	门洞尺寸：820mm×2180mm（宽×高）	单扇无亮平开木门	浅黄色油饰

类别	编号	数量	位置	尺寸	做法	油饰
门	M9	共1樘	室内门	门洞尺寸：760mm×2180mm（宽×高）	单扇无亮平开木门	浅黄色油饰
	M10	共1樘	室内门	门洞尺寸：760mm×2180mm（宽×高）	单扇无亮平开木门	浅黄色油饰
	M11	共2樘	室内门	门洞尺寸：880mm×2180mm（宽×高）	单扇无亮平开木门	浅黄色油饰
	M12	共1樘	室内门	门洞尺寸：920mm×2180mm（宽×高）	单扇无亮平开木门，门上方发木梳背券	浅黄色油饰
	M13	共1樘	通往二层阳台	门洞尺寸：1120mm×2750mm（宽×高）	单扇无亮上下提拉玻璃木门，门上方发木梳背券	门外侧施红色油饰，内侧施浅黄色油饰
	M14	共1樘	通往二层阳台	门洞尺寸：980mm×2750mm（宽×高）	单扇无亮上下提拉玻璃木门，门上方发木梳背券	门外侧施红色油饰，内侧施浅黄色油饰
	M15	共7樘	室内门	门洞尺寸：820mm×2180mm（宽×高）	单扇无亮平开木门，门洞做包边装修	浅黄色油饰
	M16	共4樘	室内门	门洞尺寸：880mm×2180mm（宽×高）	单扇无亮平开木门	浅黄色油饰

类别	编号	数量	位置	尺寸	做法	油饰
门	M17	共5樘	室内门	门洞尺寸：760mm×2180mm（宽×高）	单扇无亮平开木门	浅黄色油饰
	M18	共1樘	裙房西侧入户门	门洞尺寸：840mm×2050mm（宽×高）	单扇无亮平开木门	门外侧施红色油饰，内侧施浅黄色油饰
窗	C1	共2樘	一层外檐窗	窗洞尺寸：1080mm×2200mm（宽×高）	上下提拉玻璃木窗，窗上方发半圆券，窗洞底部设窗台石	窗外侧施红色油饰，内侧施浅黄色油饰
	C2	共1樘	一层外檐窗	窗洞尺寸：1300mm×1460mm（宽×高）	上下提拉玻璃木窗，窗上方发半圆券，窗洞底部设窗台石	窗外侧施红色油饰，内侧施浅黄色油饰
	C3	共1樘	一层外檐窗	窗洞尺寸：1300mm×2340mm（宽×高）	上下提拉玻璃木窗，窗上方发半圆券，窗洞底部设窗台石	窗外侧施红色油饰，内侧施浅黄色油饰
	C4	共1樘	一层外檐窗	窗洞尺寸：620mm×820mm（宽×高）	上下提拉玻璃木窗，窗上方发半圆券，窗洞底部设窗台石	窗外侧施红色油饰，内侧施浅黄色油饰
	C5	共1樘	一层外檐窗	窗洞尺寸：460mm×800mm（宽×高）	单扇平开玻璃木窗，窗上方发木梳背券，窗洞底部设窗台石	窗外侧施红色油饰，内侧施浅黄色油饰
	C6	共1樘	一层外檐窗	窗洞尺寸：760mm×1230mm（宽×高）	上下提拉玻璃木窗，窗上方发木梳背券，窗洞底部设窗台石	窗外侧施红色油饰，内侧施浅黄色油饰

续表

类别	编号	数量	位置	尺寸	做法	油饰
窗	C7	共1樘	一层外檐窗	窗洞尺寸：950mm×1230mm（宽×高）	上下提拉玻璃木窗，窗上方发木梳背券，窗洞底部设窗台石	窗外侧施红色油饰，内侧施浅黄色油饰
	C8	共2樘	一层外檐窗	窗洞尺寸：760mm×1230mm（宽×高）	上下提拉玻璃木窗，窗上方发木梳背券，窗洞底部设窗台石	窗外侧施红色油饰，内侧施浅黄色油饰
	C9	共2樘	一层外檐窗	窗洞尺寸：1060mm×1130mm（宽×高）	上下提拉玻璃木窗，窗上方发木梳背券，窗洞底部设窗台石	窗外侧施红色油饰，内侧施浅黄色油饰
	C10	共2樘	一层外檐窗	窗洞尺寸：1120mm×2200mm（宽×高）	双扇对开玻璃木窗，窗上方发木梳背券，窗洞底部设窗台石	窗外侧施红色油饰，内侧施浅黄色油饰
	C11	共2樘	一层外檐窗	窗洞尺寸：1020mm×2200mm（宽×高）	上下提拉玻璃木窗，窗上方发木梳背券，窗洞底部设窗台石	窗外侧施红色油饰，内侧施浅黄色油饰
	C12	共1樘	二层外檐窗	窗洞尺寸：1020mm×960mm（宽×高）	上下提拉玻璃木窗，窗上方发木梳背券	窗外侧施红色油饰，内侧施浅黄色油饰
	C13	共2樘	二层外檐窗	窗洞尺寸：1020mm×960mm（宽×高）	上下提拉玻璃木窗，窗上方发木梳背券，窗洞底部设窗台石	窗外侧施红色油饰，内侧施浅黄色油饰
	C14	共1樘	二层外檐窗	窗洞尺寸：1100mm×1900mm（宽×高）	上下提拉玻璃木窗，窗上方发木梳背券，窗洞底部设窗台石	窗外侧施红色油饰，内侧施浅黄色油饰

类别	编号	数量	位置	尺寸	做法	油饰
窗	C15	共1樘	二层外檐窗	窗洞尺寸：1020mm×1410mm（宽×高）	双扇对开玻璃木窗，窗上方发木梳背券，窗洞底部设窗台石	窗外侧施红色油饰，内侧施浅黄色油饰
	C16	共1樘	二层外檐窗	窗洞尺寸：1300mm×1410mm（宽×高）	双扇对开玻璃木窗，窗上方发木梳背券，窗洞底部设窗台石	窗外侧施红色油饰，内侧施浅黄色油饰
	C17	共1樘	二层外檐窗	窗洞尺寸：760mm×1120mm（宽×高）	双扇对开玻璃木窗，窗上方发木梳背券，窗洞底部设窗台石	窗外侧施红色油饰，内侧施浅黄色油饰
	C18	共1樘	二层外檐窗	窗洞尺寸：760mm×1120mm（宽×高）	上下提拉玻璃木窗，窗上方发木梳背券，窗洞底部设窗台石	窗外侧施红色油饰，内侧施浅黄色油饰
	C19	共2樘	二层外檐窗	窗洞尺寸：750mm×750mm（宽×高）	上下提拉玻璃木窗，窗上方发木梳背券，窗洞底部设窗台石	窗外侧施红色油饰，内侧施浅黄色油饰
	C20	共2樘	二层外檐窗	窗洞尺寸：1120mm×2120mm（宽×高）	上下提拉玻璃木窗，窗上方发木梳背券，窗洞底部设窗台石	窗外侧施红色油饰，内侧施浅黄色油饰
	C21	共2樘	二层外檐窗	窗洞尺寸：1020mm×2120mm（宽×高）	上下提拉玻璃木窗，窗上方发木梳背券，窗洞底部设窗台石	窗外侧施红色油饰，内侧施浅黄色油饰
	C22	共2樘	二层外檐窗	窗洞尺寸：960mm×430mm（宽×高）	双扇对开玻璃窗，窗上方施青石过梁，窗洞底部设窗台石	窗外侧施红色油饰，内侧施浅黄色油饰
	C23	共2樘	二层外檐窗	窗洞尺寸：470mm×900mm（宽×高）	单扇平开玻璃窗，窗上方发木梳背券，窗洞底部设窗台石	窗外侧施红色油饰，内侧施浅黄色油饰

3.楼地面

文华楼主体建筑室内以木地板地面为主,木板厚 30 毫米,施红色油饰。文华楼裙房、前廊、月台地面均为青方砖地面,青方砖尺寸为 260 毫米×260 毫米×60 毫米(长×宽×厚);二层阳台为水泥砂浆地面;地下室为三合土地面。

4.踢脚、门框、窗框

文华楼一、二层内墙与楼地面交接处设木质踢脚,并刷红色油漆。外门窗内侧、内门两侧施木门框、窗框,刷浅黄色油饰,与门窗油饰相统一。

5.吊顶

文华楼一层、二层为灰板条吊顶做法。地下室无吊顶。

6.楼梯

木楼梯共有 3 处,1 号木楼梯位于主体建筑内,正对入户门,为木质楼梯,共计 15 步,踏步长 950 毫米,宽 280 毫米;2 号楼梯为通往地下室楼梯;3 号木楼梯为裙房至二层楼梯,踏步长 810 毫米,宽 220 毫米。

七、小结

潍县乐道院是一处中西合璧式建筑群,现存建筑的屋面、梁架、墙体、地面、楼梯、门窗等,有的是中式做法,有的是西式做法,有的是中西结合,中国传统建筑元素和西方建筑元素在这里得到充分体现。

(一)平面布局

中国传统建筑讲究中轴对称,这里所说的中轴对称不仅体现在整体的院落布局上,也体现在单体建筑上。乐道院院落从整体布局上以中央甬路为基准,进行了科学的功能区划分,甬路两侧建筑不完全对称,各建筑单体灵活分布。建筑单体在平面布局上亦不讲究中轴对称,更注重于充分发挥建筑的使用功能。

(二)建筑结构体系

乐道院内近代建筑的结构主要运用三角屋架等形式实现大跨度、大空间的建造。屋面形式为硬山的十字楼,梁架结构是三角形梁架。专家2号楼三角形梁架中部无贯通柱,且具有芬克式桁架的特征;文华楼三角形梁架中部有贯通柱,既保证了三角形的稳定性,又达到了均匀受力的效果。文华楼屋面曲线由在上弦上增加不同尺寸的矮柱来实现,但屋面曲线弧度不明显(见图5.38)。

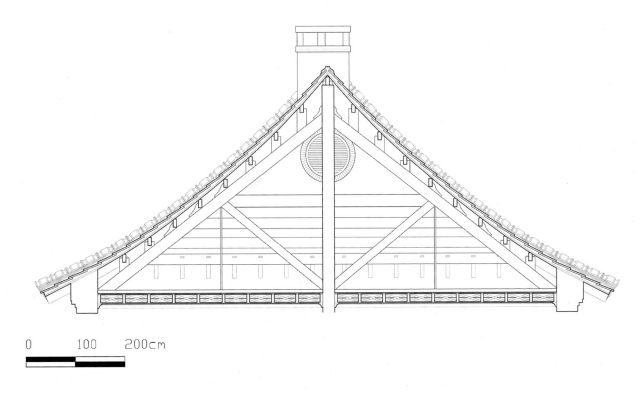

0   100   200cm

图5.38　文华楼梁架及屋面

水泥材料的钢筋混凝土结构在19世纪末作为一种全新的建筑材料传入中国。中国近代引进了钢筋混凝土技术后,由于成本和技术限制等因素的影响,出现了许多砌体结构和钢筋混凝土结构组合的建筑,也就是砖混结构体系。这种结构在3—4层近代建筑中广泛应用。建于1925年的十字楼,以砖墙作为承重墙,楼板、楼梯等运用了钢筋混凝土,是一处砖石钢筋混凝土混合结构体系的建筑实例。专家2号楼、文华楼前廊(阳台)采用砖钢骨混凝土混合结构,即墙体采用青砖砌承重墙,楼板用工字钢密肋,中加混凝土、砖小拱。

砖(石)墙和木屋顶、木楼板混合构成承重结构的房屋为砖石木结构。其楼板、屋架部分多为木质,负责建筑水平传力;而竖向承重传力的墙、柱等则采用砖(石)砌筑。乐道院现存建筑中的专家 1 号楼、专家 2 号楼、文美楼和文华楼承重的砖(石)墙多为横向布置或纵横墙布置,屋顶采用木屋架,木龙骨直接搁置在横墙上再铺木地板,门窗洞大量使用砖券,是砖石木结构体系的典型建筑实例。

关押房则采用比较传统的硬山搁檩的砖木结构体系,其坡屋顶主要由在横向承重墙的上部搁置的檩条支撑,其布置较为灵活、屋架省略、构造简单、施工方便且节约材料,易于就地取材。

(三)建筑外部构造体系

乐道院内主要建筑外立面基本采用三段式构图:石质台基—青砖墙面—坡型屋面。具体而言,十字楼为青条石下碱—青砖清水墙面—红色机制板瓦屋面;专家 1 号楼为青石台明—青砖清水墙面—铁皮瓦屋面;专家 2 号楼为水泥砂浆抹面下碱—青砖清水墙面—铁皮瓦屋面;文美楼、文华楼为花岗石台明—青砖清水墙面—红色机制板瓦屋面。乐道院外立面的三段式构图与中国古建筑的"三分构造"[1]有异曲同工之妙。不同的是建筑体形由功能空间确定,墙面摆脱檐柱额枋的构架式立面构图,代之以砖墙承重的新式门窗组合,屋顶仍保持大屋顶的组合,外观呈现西式建筑的基本体量与大屋顶等能表达中国式特征的附加部件的综合。

在乐道院发展的过程中,各建筑外立面出现从中国传统建筑元素居多向西式建筑元素居多变化的趋势。在乐道院早期建筑中,男子诊所屋顶形式为庑殿顶,女子诊所屋顶形式为歇山顶,布瓦筒瓦屋面曲线、翼角起翘明显,檐部施抽屉檐,青砖砌筑墙体,青石台基,"三分构造"特征显著,虽门窗为西式玻璃木门窗,女子诊所屋面撒头施青砖砌筑方形烟囱,但整体上尽显中国传统建筑的外部构造特征(见图 5.39、图 5.40)。早期的文华馆为合瓦屋面,花瓦脊,屋面曲线明显,檐口是抽屉檐,青砖砌筑墙体,青石台基(见图 5.41);文美书院为布瓦筒瓦屋面,清水脊,青砖墙体,青石台基。另外,在乐道院其他早期建筑的屋脊上使用望兽、垂兽、跑兽等瓦件。由此可以看出,从外部构造看,在乐道院早期建筑中,中国传统建筑元素占据主导地位。这也说明当时外国人在中国的社会地位不高,他们利用建筑迎合当地人的审美和情感,并融入当地生活中,以便达

---

[1]从造型上看,一栋古建筑明显分为三个部分:台基、屋身、屋顶。北宋著名匠师喻皓在《木经》中称之为"三分",并指出"凡屋有三分,自梁以上为上分,地以上为中分,阶为下分"。

到更好地传播基督教的目的。在封建中国,建筑的屋面体现的是建筑的等级、艺术、功能和形式。庑殿顶、歇山顶一般应用到宫殿、庙宇等高等级建筑中,在乐道院的广泛应用也从侧面说明了其宗教属性。重建、扩建后的乐道院各建筑如十字楼、专家楼、文美楼、文华楼等,不论是结构体系、外部构造,还是内部构造,均是西方建筑元素占据了主导地位。这也说明,随着中国逐渐沦为半殖民地半封建社会,外国人的地位在中国已经得到了大幅的提高,建筑设计也不再过多考虑中国人的审美和情感。

图 5.39　早期的乐道院男子诊所

图 5.40　早期的乐道院女子诊所

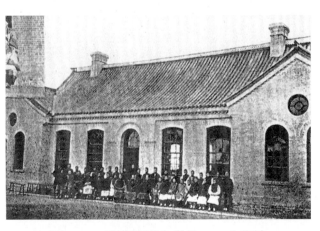

图 5.41　乐道院男生学校——文华馆

乐道院各建筑的屋面形式主要有十字楼的硬山式、文华楼的歇山式、文美楼的攒尖式,这些中国传统屋顶形式在乐道院得到充分的应用。虽然这些建筑屋面形式为中国传统屋面形式,但屋面做法又与中国传统屋面做法存在很大的差异。如在屋面瓦件的选择上选用铁皮瓦;潍县虽处北方地区,现存乐道院建筑屋面均为坡屋面,但屋面不采用苦背做法,而是在木望板上铺设顺水条和挂瓦条。

就屋面瓦件材质而言,乐道院现存建筑存在烧结黏土红色机制板瓦屋面和镀锌铁皮瓦屋面。相较于镀锌铁皮瓦屋面,红色机制板瓦屋面具有重量相对较大、对梁架要求高、瓦件烧制工序复杂、造价高等特点，同时瓦件尺寸小，瓦件与瓦件之间的搭接缝隙较多，若瓦件松动、破损，容易造成更多的屋面雨水渗漏点。

乐道院内各建筑外墙均采用烧结黏土青砖、红砖进行砌筑，并采用石灰砂浆作为砌筑材料，砌筑方式多种多样，有一顺一丁，四层顺砖、一层丁砖，五层顺砖、一层丁砖，空斗砌法等，这是中国传统建筑的砌筑样式在近代中西结合式建筑上成功应用的典型实例。在外墙砌筑的过程中，红砖背里在乐道院各建筑中较为常见。同时，室内隔墙的砌筑也大量运用了红砖。青砖用于外，而红砖用于内，这说明在 20 世纪初期，劳动人民就已经意识到青砖在抗氧化、水化、大气侵蚀等方面性能优于红砖。相比红砖，青砖的烧成工艺复杂，能耗高，产量小，成本高，在当时难以实现自动化和机械化生产，这也是建设者为节约建设成本而考虑的因素之一。

在现存的乐道院各建筑中，玻璃木门窗得到了大量应用。门窗的样式充分体现了西方建筑的元素，如上下提拉玻璃木窗、门联窗等。平开门窗充分运用合页、弹簧铰链等五金件，上下提拉窗则在窗框内设置铸铁配重通过滑轮、吊绳来平衡窗扇的重量，以达到控制窗扇开启高度的目的。专家 2 号楼上下提拉玻璃木窗的开启充分利用发条弹簧的工作原理，来达到平衡窗扇重量的作用。另外，西式铁质插销、把手、门锁等五金件在乐道院门窗上得到大量使用，特征明显。(见图 5.42)

图 5.42　铁质把手

(四)建筑内部构造体系

乐道院内吊顶板主要以灰板条吊顶为主。做法是直接将灰板条密集地钉入屋架及楼板之下，并抹以麻刀石灰。这种做法没有其他装饰，朴素典雅。

乐道院建筑内墙墙体以砖墙为主，灰板条墙体为辅。红砖大量运用到内墙的砌筑中。砖隔墙砌筑方式采用全顺砌法，砖墙两面做白石灰饰面。砖隔墙除了起到分隔空间的作用，还能承托楼板的部分荷载。灰板条墙体在乐道院中用得较少,主要运用在专家 2 号楼阁楼上。

白石灰饰面是指在砌体基层或木隔墙灰板条基层上,采用黄泥、石灰、麦秸混合打底后,抹麻刀灰,表面使用白石灰浆粉刷的墙面,其具有造价低廉、施工简单的特点。乐道院内墙饰面主要为白石灰饰面。20 毫米厚滑秸泥—5 毫米厚麻刀灰—白灰浆罩面,这是乐道院专家 1 号楼、专家 2 号楼内墙面的普遍做法。

乐道院地面主要有青砖地面、水泥地面、三合土地面和木地板地面四种样式。青砖地面主要出现在关押房、专家 2 号楼一层和文美楼、文华楼的阳台或裙房内;水泥地面主要出现在十字楼;三合土地面主要出现在各建筑的地下室内;木地板地面分布较广,除关押房外,均有涉及。专家 2 号楼一层青方砖地面,下施烟道,与中国北方地区土炕做法相似。乐道院木地板的木龙骨砌入墙体,龙骨上铺设木板材,龙骨间距 350—450 毫米,其间采用剪刀形木斜撑;木板材的厚度为20 毫米,宽度 120—150 毫米不等,长度不一;木板材之间相互咬合拼接。龙骨底部施灰板条吊顶。这种做法具有构造简单、自重较轻、保温性能好的特点。(见图 5.43)

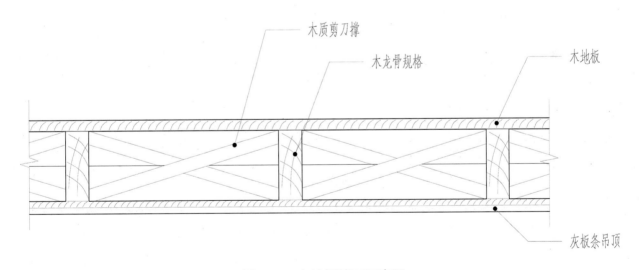

图 5.43 木地板楼面示意图

乐道院楼梯分三种:一是钢筋混凝土楼梯,主要分布在十字楼;二是木楼梯,分布在专家 1 号楼、文美楼和文华楼;三是青石楼梯,分布在专家 2 号楼。十字楼楼梯主体结构在现场浇注,楼梯踏面施工工艺和楼地面施工方式相同,踏面做防滑条,楼梯配以钢栏杆,栏杆通过预埋构件固定于钢筋混凝楼梯上。乐道院中的木楼梯结构使用的是木斜梁,两侧木斜梁搭接在楼板同室内地面上,荷载由斜梁传递至地面;按照踏步高与踏步宽,连续的三角形木垫块布于斜梁上;三角形垫块上布踏步木板,荷载由木板传递至三角形垫块,再由三角形垫块传递至木斜梁,最终传递至地面。楼梯踏步下钉入灰板条,并刷麻刀石灰层,其做法与麻刀石灰吊顶一致。专家2号楼楼梯的青石踏板深入墙体内部,踏板底部施楞木,以增加石板的抗弯性能。

乐道院内油饰主要运用在门、窗以及木地板上,木构件上抹腻子,颜色以红色和米黄色为主。

保护篇

2022 年 7 月召开的全国文物工作会议对全国文物保护工作提出了新的要求，大会根据全国文物保护、管理、研究、利用的现状，科学、适时地将文物保护工作方针调整为"保护第一、加强管理、挖掘价值、有效利用、让文物活起来"。

对乐道院进行充分的研究、科学的保护、有效的利用，是摆在我们面前非常急迫的问题。针对乐道院保护、利用的现状，保护篇主要对我国文物保护法律体系、国内外文物保护理念和中国近代建筑保护研究的发展进行梳理、研究，进而提出潍县乐道院在保护过程中应遵循的基本原则，并针对潍县西方侨民集中营旧址近年来在保护过程中所遇见的病害进行综合的成因分析，对病害的治理措施进行探讨，提出下一步保护建议。同时对潍县乐道院集中营旧址作为全国重点文物保护单位、全国爱国主义教育示范基地，如何充分发挥其价值和功能，促进文旅融合和社会进步进行初步探讨，使乐道院能够得到更好的保护、合理有效的利用，让乐道院"活"起来。

第六章　乐道院保护理念与原则

　　20 世纪 20 年代，具有现代意义的文物保护工作在中国兴起。1922 年，北京大学成立的考古学研究室是我国最早的文物保护研究机构。1928 年，国民政府设立了"中央古物保管委员会"，这是我国历史上由国家设立的第一个专门保护管理文物的机构。1930 年，建筑学家朱启钤成立了我国历史上第一个以研究和保护中国古代建筑为目的的学术团体——中国营造学社。

　　新中国成立后，人民政府对文物保护工作十分重视。《中华人民共和国文物保护法》《中国文物古迹保护准则》等相关法律法规相继出台。20 世纪 80 年代国际文物保护原则引进中国后，人们的文物保护理念开始与国际接轨并不断成熟。"不改变原状""真实性""完整性""最低限度干预"等文物保护理念不断发展。文物保护技术不断革新，优质文物保护项目层出不穷。同时，中国近代建筑的保护工作日益得到重视，近代建筑的相关保护、利用工作得到了很大的发展。

一、文物保护法律体系

　　根据《中国大百科全书·文物博物馆》"文物"分支"文物管理"中关于"中国文物法规"的定义，文物法律体系应包含法律、法规、规章、规范性文件、政策方针等。

　　1840 年鸦片战争以后，大量古代遗迹和遗物遭外国人破坏，文物保护问题引起了中国社会的关注，由此萌发了我国现代意义上的文物保护立法行为。宣统元年（1909 年），清政府颁行了中国近代第一部文化遗产保护法规——《保存古迹推广办法章程》。

　　1916 年，北洋政府内务部颁发了《为切实保存前代文物古迹致各省民政长训令》和《保存古物暂行办法》，要求各地对待古物应"一面认真调查，一面切实保管"。1931 年 7 月颁布的《古物保存法细则》开始将文物古迹纳入保护范畴。1935 年，国民政府颁布了《暂定古物的范围及种类大纲》,正式将"城郭、关塞、宫殿、衙署、书院、宅第、园林、寺塔、祠庙、陵墓、桥梁、堤闸及一切遗址"等文物古迹纳为保护对象。

新中国成立以来,人民政府十分重视文物保护工作,文物保护力度不断加大,文物保护相关法律法规不断健全。1953 年 10 月,中央人民政府政务院颁布《关于在基本建设工程中保护历史及革命文物的指示》,并在 1956 年发布了《关于在农业生产建设中保护文物的通知》,为有效解决基本建设工程和农业生产建设中发生的破坏文物的问题提供了依据。1961 年,国务院颁布《文物保护管理暂行条例》。该条例针对不可移动文物正式提出了"文物保护单位"的概念及分级公布文物保护单位的规定和要求。1963 年 8 月 27 日,中华人民共和国文化部颁布实施《革命纪念建筑、历史纪念建筑、古建筑、石窟寺修缮暂行管理办法》。该办法首次系统地将修缮工程分为保养维护工程、抢救性加固工程、重点修理修复工程,这是我国第一次在文物部门规章中提出"工程"的概念,为之后文物保护工程的发展奠定了基础。

改革开放后,我国文物保护相关法律法规更加完善。1982 年 11 月全国人大常委会通过了《中华人民共和国文物保护法》,这是我国第一部关于文物保护的法律,标志着我国文物保护制度的创立。自 1982 年《中华人民共和国文物保护法》颁布后,至今已历经 5 次修订。5 次修订中影响最大的是 2002 年的修订,这一版文物保护法确立了"保护为主,抢救第一,合理利用,加强管理"的 16 字工作方针,为新时期文物事业的发展奠定了坚实的法律基础。依据《中华人民共和国文物保护法》制定的相关规章制度层出不穷,为我国文物保护事业的发展提供了坚实的法律保障。

其中,2003 年,文化部颁布实施的《文物保护工程管理办法》将文物保护工程分为 5 类,即保养维护工程、抢险加固工程、修缮工程、保护性设施建设工程、迁移工程等,这一工程分类与 1986 年颁布的《纪念建筑、古建筑、石窟寺等修缮工程管理办法》中文物保护工程的分类基本接近(经常性保养维护工程、抢险加固工程、重点修缮工程、局部复原工程和保护性建筑物与构筑物工程等)。《文物保护工程管理办法》还对文物保护工程实施过程中的各个环节,包括立项、勘察设计、施工、监理与验收作出了明确规定,是我们实施文物保护工程和保证工程质量的重要依据。

二、国内外文物保护理念

(一)国际文物保护理念的发展

文物古迹(不可移动文物)保护理念最早萌芽于十六七世纪的欧洲。19世纪欧洲民族主义运动的发展,推动了文物保护理念的进步,并由此产生"风格式修复"和"原状保存"两种鲜明的观点。

现代意义上的文物古迹保护理念,起源于近代欧洲并波及世界各国,在大量保护实践的基础上,逐渐形成了国际性保护共识。1931年,第一届历史纪念物建筑师及技师国际会议在希腊雅典召开,会议制订了《有关历史性纪念物修复的雅典宪章》。该宪章主张放弃"风格式修复",强调文物古迹的真实性,尊重各个时期的历史原状。

1933年,国际现代建筑协会在希腊雅典通过了《城市规划大纲》(《雅典宪章》),首次就城市规划中的古迹保护提出了一系列的意见和建议。

1964年,第二届历史古迹建筑师及技师国际会议在意大利威尼斯召开。此次大会通过了《关于古迹遗址保护与修复的国际宪章》,即著名的《威尼斯宪章》。该宪章提出了对国际文物古迹保护领域影响深远的两个重要概念:一是真实性,二是承认文化的差异性。

1972年11月,联合国教科文组织大会第十七届会议在法国巴黎召开,通过了《保护世界文化和自然遗产公约》,从此诞生了"世界遗产"的概念。

1978年,在莫斯科召开的第五届国际古迹遗址理事会(ICOMOS)全体大会通过了《国际古迹遗址理事会章程》,该章程进一步明确了"古迹""建筑群""遗址"的内涵。

1981年,国际古迹遗址理事会与国际历史园林委员会在意大利佛罗伦萨召开会议,发表了保护历史园林的《佛罗伦萨宪章》,该宪章将历史园林定义为具有历史或艺术价值的建筑和园艺构造。

1994年,在日本奈良举办的"世界遗产真实性国际专家会议"起草了《奈良真实性文件》。该文件强调了重视文化多样性和遗产多样性的重要性,并据此重新定义了遗产真实性的评估原则,指出"出于对所有文化的尊重,必须在相关文化背景下对遗产项目加以考虑和评判"。

1999 年,国际古迹遗址理事会在墨西哥召开第 12 届全体大会,通过了《关于乡土建筑遗产的宪章》,对乡土建筑遗产提出了一系列保护和管理原则,进一步拓展了文物古迹的保护范围。

进入 21 世纪以后,对文物古迹的保护和利用已成为国际共识。国际以及各国古迹遗址保护组织的相关理论,以及宪章、宣言、建议、准则等文件不断推出,加快了国际保护理念的更新。

(二)中国文物保护理念的发展

中国古代由于道德教化、尊崇先贤的封建文化传统,对帝王陵寝、宫殿庙宇、先贤祠墓等文物古迹历来怀有敬畏之心,客观上形成了早期朦胧的保护理念。

1840 年鸦片战争以后,在西风东渐的过程中,欧洲的文物古迹保护理念和方法开始影响中国。

1930 年,中国营造学社成立。在《全国重要建筑文物简目》中,梁思成提出将"北京城全部"作为保护范围的文物古迹整体保护理念。另外,"研究先行"的文物古迹保护科学理念影响至今。

20 世纪 50 年代,国家积贫积弱,百废待兴,抢救性保护是该时期文物保护的重点。同时,"革命建筑物""革命旧址""革命遗迹"等现代历史遗迹纳入保护范畴,成为我国文物古迹保护理念的鲜明特点。

1961 年,国务院公布了《文物保护管理暂行条例》,规定了文物修缮应"遵守恢复原状或保存现状的原则",使用文物保护单位须"严格遵守不改变原状的原则"。同时,该条例还首次提出了文物古迹分级保护的理念。

改革开放后,随着我国社会政治、经济、文化等各方面的全球化进程加速,中国文物古迹保护理念也日益与国际保护理念接轨。

1986 年,文化部发布的《纪念建筑、古建筑、石窟寺等修缮工程管理办法》规定:"鉴别现存建筑物的年代和始建或重修、重建时的历史遗构,拟定按照现存法式特征、构造特点进行修缮或采取保护性措施;或按照现存的历代遗存,复原到一定历史时期的法式特征、风格手法、构造特点和材料质地等,进行修缮。"

2000 年,《中国文物古迹保护准则》颁布。该准则明确了文物古迹保护工作的基本程序和基本原则,澄清了文物古迹保护理念的一些争议,提升了中国文物古迹保护的理论水平,规范了中国文物古迹保护的实践工作。

2002 年,《中华人民共和国文物保护法》第二次修订,并确立了"保护为主、抢救第一、合理利用、加强管理"的文物保护工作方针。

2003 年,文化部颁布《文物保护工程管理办法》。其中第三条规定:"文物保护工程必须遵守不改变文物原状的原则,全面地保存、延续文物的真实历史信息和价值;按照国际、国内公认的准则,保护文物本体及与之相关的历史、人文和自然环境。"

2005 年,第 15 届国际古迹遗址理事会通过的《西安宣言》强调了文物古迹由自身的保护发展到周边环境保护的必要性,将体现中国哲学思想的文物古迹保护理念第一次纳入文化遗产保护的国际规则中。

2007 年,东亚地区文物建筑保护理念与实践国际研讨会发表的《北京文件》对东亚地区文物建筑保护的多样性、真实性、完整性,以及保护过程、保养维修、油饰彩画和管理、重建、培训等进行全面阐述,对东亚地区文物古迹的保护实践提出了科学的指导意见。

2015 年,《中国文物古迹保护准则》经修订后重新颁布。该新版准则初步建立了较为完整的的中国文物古迹保护准则体系,对文物保护工程必须坚持的真实性、完整性、最小干预,以及使用恰当保护技术,体现干预措施的可逆性和工程效果的可识别性等原则,作了较多的修改、补充和完善。

为适应新时代文物保护工作的需要,2022 年在北京召开的全国文物工作会议将文物保护工作方针调整为"保护第一、加强管理、挖掘价值、有效利用、让文物活起来"的 22 字工作方针。

(三)中国近代建筑保护研究的发展

我国对近代建筑的保护研究最早可追溯到 20 世纪 40 年代。1944 年,梁思成先生完成的《中国建筑史》在第八章"清末及民国以后之建筑"中论及中国近代建筑。梁思成先生关于中国近代建筑的论述可以说是较早的通史性述作。

1958—1961 年,建筑工程部建筑科学研究院主持编辑的中国近代建筑史是我国关于中国近代建筑史首次较具规模的研究。

1958 年 10 月,全国"建筑历史学术讨论会"后编辑的《中国近代建筑史》(初稿)为我国第一本较为系统地介绍中国近代建筑史的著作,对以后的研究起到了积极作用,在中国近代建筑史研究中具有重要地位。

20世纪80年代初,建筑历史学界发起了关于建筑传统与现代风格关系的讨论,使在中国建筑历史中起到承上启下作用的近代建筑再次引起了中外建筑历史学者的关注。

1986年10月,中国近代建筑史研究讨论会在北京召开。这是第一次全国性研究中国近代建筑史的学术会议,是中国近代建筑史研究正式起步的标志。

1988年11月,建设部、文化部联合发出《关于重点调查、保护优秀近代建筑物的通知》。这个通知体现了在新的形势下,国家主管部门对近代建筑价值的认识和评价,并开始重视其保存与再利用问题。

1998年10月,中国近代建筑史国际研讨会在太原召开,以"中国东南部地区与中西部地区近代建筑比较"为主题,实践证明,此次研讨会对于中西部地区城市近代建筑的研究和保护工作产生了深远的影响。

2000年以来,中国近代建筑史国际研讨会[1]的议题涉及近代建筑史学研究、近代历史地段及历史建筑研究与保护、近代建筑保护面临的问题、近代工业建筑遗产研究与保护、近代以来的建筑保护理论与实践、近代以来的西式城市规划思想对中国城市建设的影响等方面。可以说,这些都是对中国近代建筑保护这一研究领域的研究方向所作的进一步有意识的引导。

现如今,近代建筑保护应以价值分析与判断为前提,所使用的每一种保护方式和技术均需严格分析、高度谨慎。从保护手段和保护力度的角度划分,近代建筑遗产的保护方式可分为三种。一是以恢复建筑的历史原貌为目的的静态式保护,亦称为"静态的博物馆式保护",这种保护方式主要针对全国重点文物保护单位、省级文物保护单位和纪念性建筑等重要建筑。二是在保护建筑及其环境主要特征的前提下的风貌式保护,这种保护方式通常根据使用功能的要求,对建筑内部空间作出适宜的改动,以满足新时代的使用需求。三是以最大限度地利用原有建筑的历史文化传统,同时也发挥它在当下的使用功能为目的的片段式保护,这种保护方式是一种特征性保护,主要针对建筑的主立面、内部典型部位等特征性要素进行保护,而建筑的其余部分则可与新建筑相融合。在具体操作上,近代建筑遗产的保护方式主要包含保养、维护、监测、加固、

---

[1]2010年,"中国近代建筑史国际研讨会"更名为"中国近代建筑史学术年会"。

修缮、保护性设施建设、迁建、环境整治、平移、整体抬升、加建、改扩建等。

作为全国重点文物保护单位的潍县西方侨民集中营旧址,在进行保护工作时,应对建筑的价值进行综合分析,采取最为严格的保护措施,恢复乐道院原始的建筑风貌。同时为充分发挥乐道院全国爱国主义教育示范基地的作用,弘扬爱国主义精神,乐道院在保护的过程中应充分考虑后期的使用需求,对建筑的内部做适当的改动。

三、乐道院保护原则

潍县西方侨民集中营旧址作为全国重点文物保护单位、全国爱国主义教育示范基地,在实施文物保护工程的过程中,应确立正确的保护理念,采用的保护措施必须严格遵循"不改变文物原状"的基本原则,真实、完整地保存其历史信息及价值,有效保护工程对象的历史和文化环境,同时尽可能将其转化为可用资源,通过各种利用形式实现惠及民众的遗产价值。

(一)保护第一原则

潍县西方侨民集中营旧址作为全国重点文物保护单位,在开展保护工作时应严格遵守"保护第一、加强管理、挖掘价值、有效利用、让文物活起来"的方针,始终把保护放在各项工作的首位。

(二)真实性原则

根据我国现行的各项法律、法规、准则、条例等对文物古迹的保护的要求,在实施文物保护工程时均应保持文物的真实性。保护潍县乐道院现存建筑的真实性要保护建造理念、风格的真实性,要保护建筑外形和设计的真实性,要保护建筑材料和材质的真实性,要保护建筑传统工艺的真实性,还要保护建筑环境和它所反映的历史、文化、社会等相关信息的真实性。

(三)完整性原则

保护潍县乐道院各文物建筑的完整性应充分尊重乐道院内具有价值的各种物质遗存,保护潍县乐道院在形成、发展和演变过程中各个时代的特征,同时要协同保护乐道院所处的环境。

(四)最小干预原则

为确保潍县乐道院各文物建筑的真实性,在文物保护修缮工程中所采用的各项技术措施应在确保文物建筑安全的基础上,以延续现状、缓解损伤为主要目标,将对文物建筑的影响降到最小。

(五)采用恰当保护技术

对乐道院各文物建筑实施修缮保护工程所采取的各项保护措施不得妨碍再次对其进行保护,在可能的情况下应当是可逆的。设计、施工过程中,应当保护乐道院文物本体原有的技术和材料,传承原有科学的、有利于文物长期保存的传统工艺。在运用新材料和新工艺进行修缮时,必须经过前期试验,证明切实有效,对文物长期保存无害、无碍方可使用。

(六)合理利用原则

严格遵守《中华人民共和国文物保护法》《文物建筑开放导则(试行)》中对文物建筑合理利用的要求。在不破坏乐道院建筑本体、不改变建筑空间格局的前提下,结合乐道院本身实际情况进行适度开放利用。鼓励开发乐道院相关文化创意产品,获得相应经济效益和社会效益。

第七章　乐道院保护工程技术

一、保护工程

乐道院是进行医疗、教育、宗教活动的重要场所,在发挥其使用功能的同时,对其建筑进行日常的维护保养,是乐道院日常管理工作的重要一环。

新中国成立后,乐道院被人民政权接管,为适应社会的发展,乐道院各建筑的功能虽然发生了一些变化,但在使用的过程中同样注重日常的维护。

进入 21 世纪,经过几十余年的改革开放,中国的社会和经济得到了迅猛的发展,文物保护工作进入新的历史时期。经济的繁荣使国家有充足的资金投入文物保护事业中。2005 年,为庆祝中国人民抗日战争暨世界反法西斯战争胜利 60 周年,潍坊市政府拨款修缮乐道院旧址,并建立纪念潍县集中营解放 60 周年纪念碑和纪念广场。此次修缮是进入 21 世纪后潍县乐道院最大的保护工程,乐道院存在的各种重大病害得到遏制使乐道院处于一个相对健康的状态。2007 年,潍坊市人民政府公布乐道院为潍坊市文物保护单位,对其的保护工作更加规范化。2010 年,在潍坊市外事办、潍坊市人民医院、广文中学和文物主管部门的指导下,乐道院医院十字楼房顶部分得到维修加固。

党的十八大以来,国家对文物保护事业愈发重视,文物建筑的保护事业得到了长足进步。2015 年,为纪念中国人民抗日战争暨世界反法西斯战争胜利 70 周年,潍坊市政府拨专款,对十字楼、文华楼、文美楼等建筑进行了结构检修,重点维修了建筑屋面、门窗、室内墙面,重做了室内吊顶。

2016 年,潍坊市奎文区文化旅游新闻出版局委托专业机构对十字楼、文华楼作了详细的勘查,编制《潍县乐道院暨西方侨民集中营旧址——十字楼、文华楼修缮保护方案》,保护方案经过专家委员会论证,并经山东省文物局批复通过,批复文件为《山东省文物局关于潍县乐道院暨西方侨民集中营旧址——十字楼、文华楼修缮保护方案的批复》(鲁文许〔2017〕12 号,见图 7.1)。

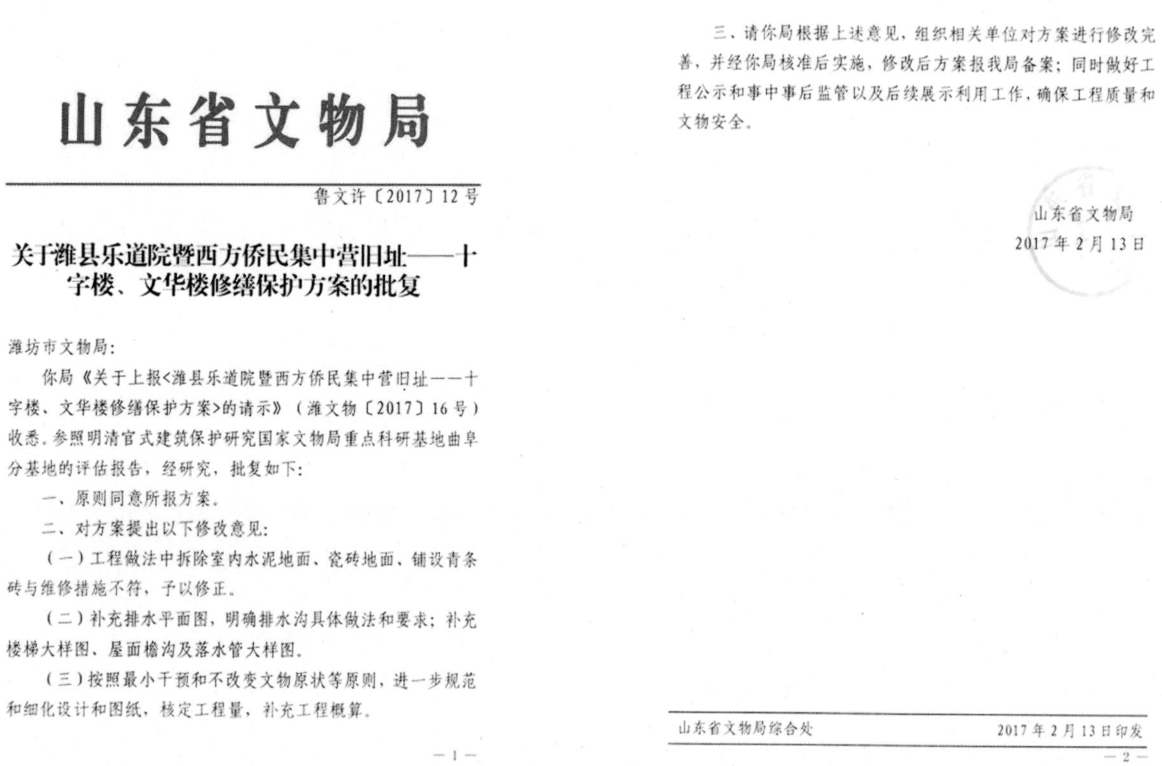

山东省文物局

鲁文许〔2017〕12 号

关于潍县乐道院暨西方侨民集中营旧址——十字楼、文华楼修缮保护方案的批复

潍坊市文物局:

你局《关于上报<潍县乐道院暨西方侨民集中营旧址——十字楼、文华楼修缮保护方案>的请示》(潍文物〔2017〕16 号)收悉。参照明清官式建筑保护研究国家文物局重点科研基地曲阜分基地的评估报告,经研究,批复如下:

一、原则同意所报方案。

二、对方案提出以下修改意见:

(一)工程做法中拆除室内水泥地面、瓷砖地面、铺设青条砖与维修措施不符,予以修正。

(二)补充排水平面图,明确排水沟具体做法和要求;补充楼梯大样图、屋面檐沟及落水管大样图。

(三)按照最小干预和不改变文物原状等原则,进一步规范和细化设计和图纸,核定工程量,补充工程概算。

— 1 —

三、请你局根据上述意见,组织相关单位对方案进行修改完善,并经你局核准后实施,修改后方案报我局备案;同时做好工程公示和事中事后监管以及后续展示利用工作,确保工程质量和文物安全。

山东省文物局

2017 年 2 月 13 日

山东省文物局综合处　　2017 年 2 月 13 日印发

— 2 —

图 7.1　鲁文许〔2017〕12 号

2021 年,潍坊市博物馆委托专业机构对乐道院进行了详细的勘查测绘,并编制《潍县西方侨民集中营旧址保护修缮工程方案》,保护方案经过专家委员会论证,并经国家文物局批复通过,批复文件为《国家文物局关于潍县西方侨民集中营旧址保护修缮工程的批复》(文物革函〔2021〕150 号)。

经过严格的招投标程序,山东省文物工程公司中标,具体实施了西方侨民集中旧址的修缮工作,并取得了良好的效果,受到了业界的一致好评。

同时, 潍坊市博物馆委托专业机构对潍县西方侨民集中营旧址进行了整体的保护规划,编制《潍县西方侨民集中营旧址保护规划》,规划方案经过专家委员会论证,并经国家文物局批复通过，批复文件为《国家文物局关于潍县西方侨民集中营旧址保护规划的批复》(文物革函〔2022〕1221号,见图7.2)。

国 家 文 物 局

文物革函〔2022〕1221号

国家文物局关于潍县西方侨民集中营
旧址保护规划的批复

山东省文物局:

《山东省文物局关于呈报〈潍县西方侨民集中营旧址保护规划〉的请示》(鲁文物呈〔2022〕19号)收悉。经研究,我局批复如下:

一、原则同意所报潍县西方侨民集中营旧址保护规划。

二、该保护规划尚需作以下方面的调整和完善:

(一)深化历史研究和价值评估。进一步收集、整理相关历史事件、历史人物史料信息,补充潍县西方侨民集中营与二战时期其他侨民集中营史实对比研究,突出旧址作为罪证遗址的核心价值,提炼中国人民的国际人道主义精神。

(二)完善保护区划划定及相关管理规定。核实文物构成,核对四有档案。统筹考虑旧址与周边学校、医院的发展关系协同管理,合理完善一类、二类建设控制地带划定,补充建设控制地带的建筑色彩、造型、功能控制等限制性规定,以及医院主楼消隐、遮挡等措施要求。补充保护范围、建设控制地带的具体控制点坐标。深入论证环境协调区划定范围的必要性和可行性。

(三)完善文物保护措施。补充病虫害防治措施。说明文物建筑消防、安防相关规范要求。增加针对特大暴风雨等防灾减灾的保护措施。

(四)完善展示利用规划。科学规划展示布局、主题、内容和重点,避免展示内容过于庞大繁杂。不宜复建旧址北侧围墙、大门和瞭望塔。审慎论证新建展览馆(陈列馆)、游客服务中心、和平广场的必要性,尽可能利用现有建筑内部空间实现相关功能。

(五)按照《全国重点文物保护单位保护规划编制要求》,规范文本表述和图纸标注,修改部分图纸、图例色块颜色不一致错误,文本附件有关政府文件、现状勘查表、安全性检测报告、现状照片等内容应调整至规划说明和基础资料汇编。

三、请你局指导组织有关单位,在与当地人民政府及有关部门、利益相关者进行沟通的基础上,按照上述意见对保护规划进行修改完善。根据《国务院关于进一步加强文物工作的指导意见》(国发〔2016〕17号)的要求,将潍县西方侨民集中营旧址保护规划请山东省人民政府公布,并督促地方人民政府将其纳入当地经济社会发展规划及国土空间规划,做好规划的组织实施。

四、规划所涉的文物保护、展示利用、环境整治、基础设施建设等项目,实施前应按程序另行报批。

此复。

2022年11月16日

公开形式:依申请公开

— 2 —

图7.2　文物革函〔2022〕1221号

二、病害分析评估

从近年来对乐道院实施的各类保护工程可见,各建筑的结构体系、外部构造体系、内部构造体系均出现了多种病害。目前,文物建筑病害的产生主要有自然和人为两方面的原因,这也是文物保护领域普遍的共识。乐道院各建筑单体的病害亦主要是自然和人为因素所导致。对于由自然因素所导致的病害可采取科学的技术手段加以遏制和治理;而对于由人为因素造成的病害,主要通过加强管理、提高人民群众文物保护意识等方法予以制止。

（一）结构体系病害

近现代建筑的结构体系主要包含钢筋混凝土结构体系、砖混结构体系、砖木结构体系和特殊结构体系。不论是作为砖石钢筋混凝土混合结构体系的十字楼，还是砖石木结构体系的专家 1 号楼、专家 2 号楼、文美楼、文华楼，其结构体系存在的病害主要体现在木构架、墙体和楼板上，而地基基础等保存相对完好。

1.木构架病害

木材是来自森林的自然产品，作为建筑材料具有独特的优势，如木材具有在沿纤维方向具有很大承载力，在垂直方向相对较弱的各向异性；木材较软，易于加工成型；绿色环保、抗震性能优越等。但是木材也存在天然缺陷，如变形、开裂、收缩、受潮易腐蚀、易燃。乐道院各文物建筑木构架普遍存在干缩裂缝、疵病、糟朽等病害。

（1）干缩裂缝

天然的木材含水率较高，在其干燥的过程中，因水分蒸发致使木材收缩变形，进而开裂。乐道院在建造的过程中，对于木材的选择和使用要求较为严格，虽然在檩、枋、上弦、下弦、弦杆、椽子等木构件上存在不同程度的干缩裂缝（见图 7.3），但参照《近现代历史建筑结构安全性评估导则》（WW/T 0048—2014）、《古建筑木结构维护与加固技术规范》（GB/T 50165—2020）的要求，均未危及结构安全。

图 7.3　干缩裂缝

图 7.4　木节

（2）疵病

木材的疵病是树木在生长中形成的天然缺陷，主要分为木节和斜理纹。乐道院建造时在材料的选取上尽量避免了使用存在疵病的木材，但在一些木构件上仍存在少量的木节（见图7.4）和斜理纹，参照《古建筑木结构维护与加固技术规范》（GB/T 50165—2020）的规定，乐道院木材存在疵病不会危及建筑结构安全。

（3）糟朽

木构件的腐朽速度直接决定它的使用寿命，糟朽是木构件最大的缺点。乐道院各建筑的檩、上弦、下弦等构件出现不同程度的糟朽（见图7.5），皆由屋面漏雨、防水层老化等因素导致，为真菌的繁殖创造了条件，对建筑的整体安全产生一定影响。檐椽椽头部位均出现轻微糟朽现象；专家1号楼、文美楼的木质阳台受到雨水侵蚀，支撑阳台的枋木、阳台栏杆等均出现不同程度的糟朽，对建筑的安全造成了一定程度的影响。

图7.5　木构件糟朽

2.墙体病害

乐道院墙体经历百年风雨，在强度、硬度上有所降低，在外观方面亦有所改变，再加上人为因素的影响，乐道院的墙体出现风化、酥碱、墙体开裂等病害。同时，在使用过程中，对墙体的不当修缮和改造，也对墙体造成了较大的损坏。

（1）风化

潍县乐道院所在地区属大陆性季风气候，昼夜温差相对较大，夏季盛行东南风，冬季盛行西北风，降雨较为充沛。乐道院各建筑外立面墙体出现的风化现象，是由于气温的变化以及各种气体、水溶液和生物的活动使裸露在外的墙体砖在结构构造甚至化学成分上逐渐发生变化，从而使砖的表面由坚硬变得疏松。

图7.6　酥碱

（2）墙体酥碱

酥碱（见图7.6）是在砖墙中普遍存在的一种病害。乐道院各建筑的墙体均采用烧结黏土砖砌筑，内部存在具有可溶性的碱类和盐类物质，并且黏土砖具有一定的渗透性。砖体在潮湿的环境中，水分从表面向内渗透，将砖内部的可溶性物质溶解，当环境干燥时，水分由内向外发生迁移，又将可溶性物质携带到砖体表面，于是就产生了酥碱的现象。砖的酥碱不仅降低了砖的强度，进而对墙体的承重能力产生影响，也降低了墙体的美观程度。

（3）墙体开裂

墙体开裂是砖墙较为常见的现象。经近年来的观察，乐道院各建筑地基未发现明显的不均匀沉降现象。乐道院的墙体裂缝宽度较小，裂缝的产生主要由砌体的承载力不足或稳定性下降所造成。

（4）砌筑砂浆强度降低

乐道院已建成百余年，当时建筑行业标准规范不完善。按照现在建筑行业的规范标准，当时使用的砂浆标号较低，历经近百年的岁月后，砂浆的黏结性进一步降低，大大削弱了墙体的抗侧推能力。

3.楼板病害

乐道院的楼板主要分为两种，一种是钢筋混凝土楼板，一种是木楼板。十字楼钢筋混凝土楼板虽有近百年的历史，但保存状态良好。糟朽（见图7.7）是专家1号楼、专家2号楼、文美楼和文华楼的木楼板存在的主要病害，其主要分布在室外阳台、与墙体接触区域和靠窗区域。雨水的侵蚀、墙体返潮是

图7.7　木楼板糟朽

造成木楼板糟朽病害的主要原因,对木楼板的承载力和使用功能产生较大影响。

(二)外部构造体系病害

1.屋面的病害

乐道院内文物建筑的屋面主要有两种形式,一种是红色机制板瓦屋面,一种是镀锌铁皮瓦屋面,屋面形式不同,产生的病害类型亦不相同。

(1)红色机制板瓦屋面

十字楼、关押房、文美楼和文华楼的红色机制板瓦屋面出现屋面滋生苔藓,瓦件残损、缺失、松动,天沟锈蚀,屋面漏雨,屋面排水设施缺失,拆改,不当修缮等病害。

苔藓是一种由水生向陆生过渡的植物,喜欢生长在潮湿的地区,具有独特的适应恶劣环境的能力。潍坊地区的气候条件适合苔藓的生长繁殖,因此乐道院背阴潮湿的屋面瓦件上容易滋生苔藓。屋面长期滋生苔藓不仅影响屋面的外观,在一定程度上也会对瓦件产生不利影响。

瓦件残损一方面是瓦件质量不合格的原因,另一方面是冻融等自然因素及人为破坏的影响。乐道院现存各建筑的年久失修、人为破坏是瓦件缺失、松动的主要原因。瓦件残损、缺失、松动容易造成雨水的下渗,增加了雨水对屋面基层的侵蚀的风险。

镀锌铁皮天沟的锈蚀主要是镀锌层老化脱落,雨水侵蚀造成内部铁皮生锈。铁皮长时间生锈不仅会影响建筑的外观,也会对屋面、防水层造成不同程度的影响。

瓦件残损、缺失、松动,天沟锈蚀,防水层破损、老化等均会造成屋面漏雨。屋面一旦漏雨,屋面内部木质挂瓦条、望板均处于潮湿的环境中,会变形、糟朽,进而影响其承载能力。同时雨水落入屋内,会对木构架、吊顶、地板等造成不同程度的影响。

环绕在十字楼屋檐四周的铁皮檐沟和落水管因年久失修、人为拆改等原因而缺失,不仅导致屋面无组织排水,使墙体下碱和室外地面长期处于潮湿的环境中,造成墙体返潮、地下室长期潮湿等现象的出现,还改变了建筑的外立面,影响了建筑外观。

在后期使用过程中,对屋脊、屋面烟囱等部位的拆改、不当修缮,严重影响了建筑本体的真实性。

(2)镀锌铁皮瓦屋面

专家1号楼、专家2号楼的镀锌铁皮瓦屋面出现铁皮瓦防锈漆老化褪色、锈蚀,防水卷材老

化,屋面排水设施缺失、拆改、不当修缮等病害。(见图7.8)

常年的风吹日晒雨淋造成了屋面铁皮瓦防锈漆的老化褪色,会降低防锈漆的防锈功能,致使铁皮瓦存在遭受雨水侵蚀的危险,且严重影响了建筑的外观。

由于外力的作用,与铆钉相接的铁皮瓦出现少许松动,来回的摩擦将防锈漆和镀锌层磨损,外漏的铁皮遭受雨水侵蚀产生锈蚀的现象。带有铁锈的雨水流经屋面,致使屋面外观发生较大的改变。

年久失修的防水卷材出现老化的现象。若不及时采取有效的措施加以遏制,防水卷材老化程度会进一步加剧,进而失去防水作用,造成屋面漏雨、木构架糟朽等病害。

专家1号楼、专家2号楼屋面排水设施缺失、拆改、不当修缮等病害的成因以及危害,与上述红色机制板瓦屋面基本相同,不再赘述。

2.外墙面病害

乐道院各建筑的外墙面均为青砖清水砖墙面,主要存在灰缝脱落和青砖砖面风化的现象。同时存在因人为因素如涂刷涂料造成的病害等。(见图7.9)

图7.8　铁皮瓦锈蚀　　　　　　　　　　　图7.9　砂浆脱落

3.外门窗病害

乐道院门窗样式较多,但均为木质门窗。门窗的油饰受材料本身和长期风吹日晒雨淋的影响,会出现周期性的老化、起皮、脱落现象(见图7.10),如果得不到及时的养护、修缮,内部木构件就会裸露,进而造成木构件的糟朽、变形。另外,在长期的使用过程中,用以固定木窗扇的铁质插销等构件缺失、损坏严重,原始的门锁几乎全部缺失。由于使用功能的变更,拆改现象较为突出。这些病害对乐道院的真实性和完整性造成较大影响。年久失修等因素造成门窗开启不畅,严重影响门窗的使用功能。

(三)内部构造体系病害

1.内墙病害

乐道院内各建筑室内内墙有两种做法:砖墙和灰板条墙体。内墙面为白石灰饰面。

(1)砖墙

乐道院室内砖墙普遍采用红砖砌筑,表面做白石灰饰面。在后期使用的过程中,内墙面逐渐被白乳胶漆覆盖。使用白乳胶涂刷墙体更能适应现代人工作生活的需要,但其改变原做法的行为,对文物建筑的真实性造成一定影响。

图 7.10 木窗油饰脱落

另外,内墙面还出现空鼓、脱落、裂缝等病害。(见图 7.11)

图 7.11 内墙面脱落

(2)灰板条墙体

灰板条墙体主要运用在乐道院专家 2 号楼阁楼上,其他建筑在楼梯间等区域也有使用。因年久失修、人为破坏等因素,灰板条墙体出现板条抹灰脱落,木板条残损、缺失,木龙骨断裂等病害,这些病害使灰板条墙体丧失原有分隔空间的功能。

(3)踢脚

在乐道院各建筑中,踢脚分为木质踢脚和水泥砂浆踢脚。木质踢脚出现了构件残损、缺失的现象,且表面油饰老化、脱落;水泥砂浆踢脚出现了砂浆抹面脱落等现象,不仅使踢脚的防潮功能降低,也影响了美观。

2.楼地面病害

(1)水泥楼地面

水泥地面由于长期使用而磨损,且面层存在开裂的问题。

(2)青砖地面

青砖地面出现裂缝、脱壳、碎裂、不当修缮等现象。

(3)木楼面

木楼面由于长时间使用和木材本身的原因出现磨损、松动、开裂和起翘的现象,受损面积有大有小。木楼板在长时间的使用中缺乏保养维护是产生病害的主要原因,木材本身存在的木节会在很多情况下降低木材的力学性能,斜理纹还会使楼板容易开裂和翘曲等。木楼面的磨损主要发生在人员流动比较密集的区域,如走廊的中间位置、房间中心位置等,属于日常损耗。

(4)三合土地面

三合土地面因其硬度大、密实度高、透水性差等特点,主要应用在乐道院各建筑的地下室,起到防潮的作用。三合土地面因长期使用,缺乏日常维护等原因,出现裂缝、磨损、坑洞等病害,严重影响了防潮效果,致使地下室空气湿度增大,会加速一层木楼板槽朽部位的腐蚀速度。

3.吊顶病害

乐道院内灰板条吊顶分两种,一种是楼板顶棚层吊顶,一种是屋架下吊顶。不论是哪种吊顶,因年久失修、人为破坏、缺乏日常维护等因素,灰板条吊顶出现板条抹灰脱落(见图 7.12),木板条残损、缺失等病害,这些病害使灰板条吊顶基本丧失原有功能,且严重影响美观。

图 7.12　灰板条吊顶抹灰脱落

4.楼梯病害

乐道院的楼梯主要有三种，一种是木楼梯，一种是钢筋混凝土楼梯，一种是青石楼梯。楼梯踏面及平台面的磨损在这三种楼梯上均有所体现。在后期使用过程中，十字楼南群房及室外楼梯被拆除，在十字楼东立面南侧仍保留有通往室外的木门，文美楼室内通往地下室的木楼梯缺失，这些病害严重影响乐道院文物建筑的完整性。

三、修缮技术

结合乐道院各建筑存在的病害，乐道院的修缮主要包含现状整修和重点修复两大内容。现状整修主要是规整乐道院各建筑存在的歪闪、坍塌、错乱和修补残损部分，清除经评估后认为不当的添加物等。重点修复主要恢复乐道院各建筑结构的稳定状态，修补损坏部分，添补主要缺失部分等。在进行修复时，要有充分的依据，尽量保存各个时期有价值的结构、构件和痕迹。

现状整修时遵循以下四条原则：一是在不扰动乐道院各建筑整体结构的前提下，将歪闪、坍塌、错乱的构件恢复到原来状态，拆除后期添加的无价值部分。二是在恢复原来安全稳定的状态时，可以修补和少量添配残损缺失构件，但不得大量更换旧构件、添加新构件。三是修整时优先采用传统技术。四是尽可能多地保留各个时期有价值的遗存，不追求风格、式样的一致。

重点修复时遵循以下四条原则：一是当主要结构严重变形，主要构件严重损伤时，可以局部或全部解体。解体后，应按照原样进行修复，确保在较长时间内不再修缮。二是允许增添加固结构，使用补强材料，更换残损构件，新增添的结构应置于隐蔽部位。三是不同时期遗存的痕迹和构件原则上予以保留，如无法全部保留，须以价值评估为基础，保护最有价值部分，其他去除部分必须留存标本，记入档案。四是修复可适当恢复已缺失部分的原状。恢复原状必须以现存没有争议的相应同类实物为依据，不得只按文献记载进行推测性恢复。对于少数完全缺失的构件，经专家审定，按照公认的同时代、同类型、同地区的实物为依据加以恢复，并使用与原构件相同种类的材料。

(一)结构体系修缮技术

1.木构架的修缮

针对现阶段乐道院各建筑木构架存在的干缩裂缝和糟朽的病害,在现状整修保护原则的基础上,可采取不同措施。

(1)干缩裂缝

当檩条干缩裂缝宽度小于等于10毫米时,使用腻子勾缝;干缩裂缝宽度大于等于10毫米,不超过30毫米时,使用木条嵌补。

当上弦、下弦构件开裂宽度小于30毫米,属于自然干裂,不影响结构安全,且裂纹现状稳定时,不对其进行干预。当构件开裂宽度大于等于30毫米,小于50毫米时,应用旧木条嵌补严实,并用胶粘牢。当构件裂缝宽度超过50毫米,裂纹长不超过构件长度的1/2,深不超过构件宽度的1/4时,加铁箍2—3道以防止其继续开裂,在加铁箍之前应用旧木条嵌补严实,并用胶粘牢。当构件裂缝的长度和深度超过上述限值,若其承载能力能够满足受力要求,仍采用上述办法进行修整。若其承载能力不能够满足受力要求,则选用同材质木材,重新加工安装。

(2)糟朽

当檩上皮糟朽深度不超过檩径1/5时,可将糟朽部分剔除干净,经防腐处理后,用干燥木材依原制修补整齐,并用耐水性胶粘剂粘接,然后用铁钉钉牢。当檩糟朽深度小于20毫米时,仅将糟朽部分砍尽不再钉补。当檩严重糟朽,其承载力不能满足使用要求时,则须按原制更换构件。更换时,宜选用与原构件相同树种的干燥木材,并预先做好防腐处理。

当上弦、下弦有不同程度的糟朽,其剩余截面尚能满足使用要求时,可采用贴补的方法进行修复。贴补前,应先将糟朽部分剔除干净,经防腐处理后,用干燥木材按所需形状及尺寸修补整齐,并用环氧树脂粘接严实,粘补面积较大时再用铁箍或螺栓紧固。上弦、下弦严重糟朽,其承载力不能满足使用要求时,则须按原制更换构件。更换时,宜选用与原构件相同树种的干燥木材,并预先做好防腐处理。

2.墙体的修缮

现阶段,乐道院建筑墙体保存相对较好,局部墙体存在砌筑灰浆流失严重、开裂、缺失等现象。对于局部缺失的墙体,用原做法原材料重新补砌。所采用的青条应为烧结黏土砖,规格为215

毫米×110 毫米×50 毫米,抗压强度不小于 MU10。砂浆为 1:2 石灰砂浆,砂浆强度 M10,主要用于砌筑、墙体灰缝的勾缝。砂浆用砂为细砂,砂的含泥量不得大于 5%。砂浆使用生石灰熟化成的石灰膏,熟化前应用孔径小于 3 毫米×3 毫米的滤网过滤,熟化时间不能少于 7 天,沉淀池中的石灰膏应采取防止干燥、冻结和污染的措施,严禁使用脱水硬化的石灰膏。

乐道院各建筑地基基础等部位现阶段未发现明显病害,加强日常保养、维护和监测,是防止其出现病害并遏制病害发展的不错选择。

(二)外部构造体系修缮技术

1.屋面的修缮

屋面修缮前,应对屋面的结构、构造的损坏情况进行详细检查、抽检,并做好记录;屋面的建筑式样,建筑细部的用料、材质、规格、色彩,应按原样修复,替换损毁构件,保持建筑的原有风貌;应改善或消除因用材或构造不当而存在的固有缺陷。

乐道院屋面主要有铁皮瓦屋面和红色机制板瓦屋面两种形式,针对不同的屋面形式采取不同的措施。

(1)铁皮瓦屋面

揭除锈蚀严重的铁皮瓦,更换糟朽木望板,铺设柔性防水层和铁皮瓦。铁皮瓦的拆卸应按顺序逐片揭除,揭除前应先卸下每片铁皮瓦上的铆钉。若木基层朽坏、断裂,需预先在底部支搭安全架。更换的新铁皮瓦应与原铁皮瓦颜色、质地等保持统一。拆除时按程序施工,避免把保存完好的望板戳穿,发生工伤事故。屋面防水应在木基层、木构架、吊顶检修完毕后进行。铁皮瓦安装时应按照原有的搭接方式,逐趟安装,每趟从檐部向上安装,顺水流方向接茬,上下片搭接宽度不小于 100 毫米,左右片搭接两拱的宽度。

(2)红色机制板瓦屋面

红色机制板瓦屋面漏雨严重,防水层老化,揭顶维修是解决问题的根本方法。根据残留红色机制板瓦、马鞍型盖脊瓦及猫头瓦进行定烧,红色机制板瓦规格为 400 毫米×220 毫米×40 毫米(长×宽×厚),盖脊瓦规格为 390 毫米×200 毫米×30 毫米(长×宽×厚),挂瓦条规格为 25 毫米×40 毫米,顺水条中到中间距(横截面中心点到中心点之间的距离)为 500 毫米,截面为 20 毫米×30 毫米。屋面自下而上做法:屋架—望板—油灰勾缝—涂刷界面处理剂一道—防水层—安装木制挂瓦条、顺水条(圆钉固定,钉子穿处用建筑油膏封护)—安装红色机制板瓦、宝顶、盖脊瓦及猫头瓦。红色机制板瓦做到按预留契口搭接,搭接紧密,瓦件铺装应平整顺直。

乐道院屋面天沟、防水层、挂瓦条及瓦件要求:

①天沟为铁皮天沟,按照现有铁皮天沟规格定制。

②挂瓦条采用一等红松制作。

③新瓦的质量应保证瓦件无开裂、沙眼,颜色统一,不变形,尺寸误差小于3毫米。

④天沟处采用1.5毫米厚镀锌铁皮,并刷3遍防锈漆。

防水层的施工在整个屋面工程中是非常重要的一环,施工时应遵循以下原则:

①施工前,应先核查卷材防水层平面、立面、边角的空鼓、裂缝、翘边、张嘴等破损情况;检查找准檐口、天沟、阴阳角(转角)及伸出屋面烟道等防水层易渗漏的部位和原因。

②施工中,对防水层完好和已完成的部位采取措施保护,防止损坏。

③卷材防水层的规则裂缝修补,应先清理裂缝两侧的保护层,用密封材料嵌填裂缝后,在上铺贴与原卷材相容的防水卷材,每边盖住裂缝宽度不小于100毫米;卷材无规则裂缝的修补,应对裂缝处的保护层进行清理,在其上铺贴与原卷材相容的卷材或用"二布三涂"法满粘、满涂修补严实、平整。

④卷材防水层局部起鼓、渗漏,应切开起鼓处排出水、气,复平卷材,清理局部保护层,在切口的上、左、右三面涂黏结剂或防水涂料,将大于切口的相容卷材或玻璃丝布粘铺在切口处,刷防水涂料。

⑤防水层局部破损。应对破损、老化的卷材进行清理,将各层损坏的卷材切成有规则的阶梯形,修补找平层平整、干燥,再分层铺贴与之相容的卷材,其最上面一层应盖过铲除面边缘100毫米宽,接缝黏结严实、平整、牢固,按原样做好保护层。

2.外墙面

在修缮时,对于清水砖墙,外观要保持原样。对于勾缝灰脱落区域,剔除残留砖墙内砂浆灰缝,剔除深度约2—5厘米,再用1:2石灰砂浆重新进行勾缝。

对外墙面青砖酥碱深度小于10毫米的青砖,清理表面酥碱部位后用清水浸湿表面,然后采用砖粉浆涂抹,并勾勒出砖缝。砖粉浆采用水泥、青砖粉、石灰膏、氧化铁黑粉等按照特定比例制作而成。对酥碱深度大于等于10毫米的青砖,剔凿挖补,先用錾子将酥碱的青砖凿掉,然后用相同规格的青砖补砌,里面要用灰背实。

3.外门窗

对于现存变形、开启不便的老木门窗进行现状整修,补配糟朽、缺失的木构件;对于缺失的木门,按原形制重新制作安装。对于五金件,按原样补配,如市场无法找到与原件一致的,根据实际需求,尽可能选用与原样式相似的,如可加工,则另行加工。对于外门窗油饰,木构件上抹腻子,刷3道原色油漆,并用熟桐油封护一遍。

(三)内部构造体系修缮技术

1.内墙

(1)砖墙

乐道院内墙的病害主要集中在墙面上。内墙面空鼓、裂缝较为严重区域,铲除墙面后重做。专家1号楼、专家2号楼、文美楼及文华楼内墙面具体做法:墙体—20毫米厚滑秸泥—5毫米厚麻刀灰—白灰浆罩面。

(2)灰板条墙体

重做残损严重的灰板条木隔墙。具体做法:①制作木骨架,木骨架由木质上槛、下槛、木龙骨等构件组成;②木骨架外侧钉入木板条,木板条厚度为5毫米,宽度45毫米,木板条间缝隙为5毫米;③木板条外侧抹12毫米厚麻刀石灰,麻刀石灰由面层石灰砂浆打底,再用3毫米厚白灰膏腻子抹面。

施工时一定要将麻刀石灰浆用力挤进板条间缝并穿过板条,用石灰水浸泡(石灰砂浆)掺5%麻刀(30—50毫米长)制作成麻刀石灰砂浆,其中沙子以中细以下的沙为宜。白灰膏腻子分两遍成活,在第一遍未收水时即进行第二遍抹灰,随即用铁抹子修补压光两遍,最后用铁抹子溜光至表面密实光滑为止。白灰膏腻子应随拌随抹,7—10分钟用完,20—30分钟内压光。

(3)踢脚

对于乐道院室内地面与墙面交接处的残损、缺失的木踢脚,甄别更换损坏构件,完全按照原有构件之尺寸、工艺及材料重新制作,最后进行防腐、防蛀处理。按原做法重做水泥砂浆踢脚。重做踢脚红色油饰。

2.楼地面

(1)水泥楼地面

对于开裂水泥抹面,鉴于水泥抹面裂缝小于 1 毫米,本次修缮拟采用修补裂缝的方法。具体做法:①扩缝——将裂缝扩大成三角形,缝宽小于 5 毫米;②使用丙酮将裂缝清洗干净;③选用适合该地区气候环境的水泥调制胶灰,并进行勾缝处理,待胶灰固化后,对表面修形。勾缝前,应进行调色实验,以增强可识别性且避免色差过大;勾缝时,注意保护好周边非作业地面。

(2)青砖地面

重做文美楼一层阳台,文华楼月台、前廊青方砖地面。青方砖规格为 260 毫米×260 毫米×60 毫米。具体做法:①拆除室内原地面,清理其下垫层,清理深度 20 厘米;②人工原土夯实;③120 毫米厚 3:7 灰土夯实;④青方砖斜向细墁;⑤地面钻生桐油两道。

(3)木楼面

对乐道院内所有糟朽的木地板进行检修,对老化、磨损、起翘、劈裂、糟朽及残损的木地板进行更换,施工中,施工单位首先应对所有木地板、木龙骨进行筛查,凡不能满足使用要求的一律更换。新更换的木地板采用一级红松,依原做法拼接安装,在使用前需对其进行防变形处理、防潮处理、防腐处理、防水处理以及防虫处理。木饰面打磨后,刷铁红色油饰,最后打蜡处理。

(4)三合土地面

按传统做法重做三合土地面。

按三合土配比 3:4:3(白灰:黄土:细砂)进行拌制,要求三种材料拌制均匀,然后密封,一周后再次进行搅制,搅制到以手用力抓能结块,落地后又能松开为止。

材料要求:黄土需进行翻晒,并敲碎大块的石块,最后用筛子进行筛选。对生石灰淋适量的水进行粉末性熟化,并对粉末性熟化的石灰进行筛选,筛除其中的过火石灰。直接采购优质熟石灰粉,必须要有检测合格证。细砂选择优质黄色河砂。

地面基层施工:

①凿除原破损的土地面。

②对凿除完毕的地面进行清理、夯实。

③对夯实的地面进行观测,如土层过于干燥则需进行洒水润湿,以土表润湿为准。

三合土地面施工:

①以房间为单位,根据地下室平面布局把地面分成若干个施工单元。

②为保证三合土夯实的质量,宜把三合土分两层施工。地面基层达到施工要求后,首先把搅拌均匀的三合土铺设 10 厘米,人工夯实至 50% 的强度即可,不宜夯实过强(以免影响与第二层三合土的粘接)。在夯实的同时,第一层地面要保持基本平整。

③第二层即面层三合土的铺设厚度为 10 厘米,然后进行人工夯实,夯实时要注意地面平整度(为确保地面水平,要在四周设置水平控制点)。

④夯实期间要保持三合土表面潮湿,夯实要长时间(一般要求 5—7 天)分多次进行。前 3—4 天,时间间隔要短,以每天三遍为宜。后续时间间隔逐渐延长,直至三合土表面泛浆为止。

3.吊顶

重做残损严重的灰板条吊顶。楼板顶棚层吊顶在楼板木龙骨下钉入灰板条;屋架下吊顶在架梁之间钉入木龙骨,木龙骨截面尺寸为 60 毫米×60 毫米,木龙骨之间间距为 350 毫米,木龙骨下钉入灰板条。灰板条厚度为 5 毫米,宽度 45 毫米,灰板条间缝隙为 5 毫米。灰板条外侧抹 12 毫米厚麻刀石灰,麻刀石灰由面层石灰砂浆打底,再用 3 毫米厚白灰膏腻子抹面。

四、下一步保护建议

(一)保养维护

潍县西方侨民集中营旧址经过现阶段的保护修缮后,已处于一个健康的状态,加强日常保养维护与监测是以后保护工作的重点。

保养维护能及时消除影响建筑安全的隐患,并保证其整洁度,属于日常工作的范畴,通常不需要委托专业机构编制专项设计。针对乐道院各文物建筑的具体情况制定保养维护规程,说明保养维护的基本操作内容和要求,以免不当操作造成对建筑的损害。

乐道院的保养维护工作应集中在以下五个方面:

①定期清除屋顶、院落等处滋生的杂草小树,防止植物根系可能对建筑本体造成的破坏;

②定期检查屋面、墙身雨水渗漏情况,防止雨水对建筑本体造成的破坏;

③定期检查屋面排水设施、地面排水设施的通畅程度,防止出现因排水不畅对建筑本体造成破坏的情况;

④定期检查屋面、墙体、梁架、木装修、油饰等部位各类构件的风化、老化、糟朽等情况,及时对出现病害的构件采取修缮措施;

⑤定期维护环境的整洁和三防系统的有效性。

同时,做好各类保护措施实施情况的详细记录。

(二)预防性保护

适时开展潍县乐道院预防性保护。监测是认识建筑蜕变过程、及时发现建筑安全隐患的基本方法,是开展预防性保护的有效手段。对乐道院各建筑的结构稳定性、地基沉降情况、墙体裂缝发展情况以及周边建设活动对乐道院的影响等无法通过保养维护消除的各类隐患,应实行连续监测,记录、整理、分析监测数据,作为采取进一步保护措施的依据。对乐道院各建筑构件可能发生的变形、开裂、位移和损坏,应采用适当的仪器进行监测记录和日常的观察记录。对乐道院的院落环境、附属文物保存状况、游客状况、安防、消防、自然气候、地质灾害等,利用各类照相机、摄像头、传感器进行监测,在监测平台进行数据信息管理、存储、汇总、分析等,为科学保护乐道院提供技术支撑。

(三)安全鉴定

十字楼作为潍县西方侨民集中营旧址中体量最大的建筑,已有近百年的历史,在下一阶段的保护中,委托相关资质单位对其进行安全鉴定检测是十分必要的。

依据《近现代历史建筑结构安全评估导则》(WW/T 0048—2014)、《建筑抗震鉴定标准》(GB 50023—2009)、《民用建筑可靠性鉴定标准》(GB 50292—2015)等,鉴定工作的主要内容为:

①房屋的结构体系,结构布置、主要结构构件尺寸、传力体系等检查;

②房屋结构现状检查,主要包括砌体结构构件的风化、裂缝以及木构件的腐朽、裂缝、变形等;

③主要相关参数抽样检测,包括墙体倾斜、砖块抗压强度、砌筑砂浆抗压强度等;

④根据现场检查与检测结果,依据国家相关现行规范对房屋结构安全性及抗震性进行综合分析评价。

2021年,潍坊市博物馆委托专业检测机构对专家1号楼、专家2号楼、文美楼和文华楼进行了结构安全性检测,根据检测结果,该4栋楼整体安全性等级均为4级,抗震性能均不能满足相关规范标准的要求,屋面、外立面、内墙地面以上部分,楼地面,吊顶等重点保护部位受严重破坏。为使建筑结构达到安全使用的标准,并在目标使用期内能够满足正常使用的目的,建议对建筑物地下室、屋架及砖柱完善抗震构造措施,进行整体抗震加固,使之满足相关规范要求。

(四)信息化

目前,潍县乐道院各方面的工作已积累大量资料,包括测绘图纸,文字资料,图片、影像资料,书籍、文章,以及其他资料。这些资料种类较多,也很分散,不便于查阅和使用。同时,对潍县乐道院的保护和研究是一项长期的工作, 对其档案及研究过程的保存也是保护工作的组成之一。对于这方面的工作,近些年有如下成果。

1.测绘图纸

根据潍县乐道院保护研究历史和现有资料,对乐道院的测绘最早可追溯到1933年,广文中学为庆祝建校五十周年出版并发行了《山东潍县广文中学五十周年纪念特刊》。为出版该纪念特刊,广文中学对学校整体平面进行了详细的测绘,并绘制潍县广文中学校舍平面图。

1945年,抗日战争取得胜利,关押在乐道院集中营内的英美等国侨民解放回国。难友凭借记忆绘制了1943年集中营的平面图。

近年来,随着国家对文物建筑保护越来越重视,山东省古建筑保护研究院等具有文物保护资质的单位对乐道院进行了详细勘察测绘,测绘的成果包括手绘图纸、CAD图纸、三维扫描点云数据等。

2.文字资料

目前有关潍县乐道院的文字资料包括相关中文报纸、外文报纸、来往书信等,这些文字资料对乐道院的保护和研究具有重要的作用。

3.图片、影像资料

关于潍县乐道院的相关影像资料主要包括历史照片、绘画、故事片、纪录片等，这些图片、影像资料将乐道院更加形象地展现在大众面前。以潍县乐道院为主题的故事片主要包括《终极胜利》《烈火战车》等；纪录片包括《被遗忘的潍县集中营》《潍县集中营》《帝国的囚徒：潍县集中营的故事》《国宝档案·利迪尔的中国故事》等。

4.书籍、文章

现有国际国内关于潍县西方侨民集中营旧址的中英文书籍十余本，包括《乐道沧桑》《乐道院兴衰史》《潍县集中营》《潍县乐道院女教士的中国琐忆》等；相关文章包括《二战时期日军在华所建最大外侨集中营——潍县乐道院集中营概述》《沈阳二战盟军战俘营与潍县侨民集中营比较研究》《从广文中学看美国教会学校在潍坊的历史发展》《山东潍县乐道院与当地社会的变迁》等。

5.其他资料

除以上资料外，近年来针对乐道院建立的保护档案、维修保护方案、保护规划、保护管理制度、安全检测报告等，均对乐道院的保护利用起到积极的作用。

适时开展潍县乐道院信息化研究课题，建立潍县乐道院现状信息采集系统和数字化检索体系，将为潍县乐道院的研究、保护、管理和利用工作提供可靠、准确的信息化资料。

第八章　乐道院利用探索

我国是世界四大文明古国之一,具有 5000 余年的文明史,绵延不断的中华文明在历史的长河中留下了数量庞大、异彩纷呈的不可移动文物,这些文物承载着丰富的历史信息和文化基因,是当代经济社会可持续发展的重要资源。

我国对于文物的利用,始终保持开放和鼓励的态度,并积极推广"保护与开放利用并重"的理念,努力"让陈列在广阔大地上的遗产"活起来,但强调利用必须服从保护,保护应该考虑利用;利用要坚持公益属性,始终把发挥文物资源的社会效益放在首位,切实增强做好文物合理利用的主动性和自觉性。

潍县西方侨民集中营旧址作为全国重点文物保护单位是具有重要价值的建筑遗产。其位于潍坊市区的核心地带,且建筑质量较高,如果只保护其躯壳而弃置不用,无异于将其从丰富、连续的城市生活中剥离出来,再无生机可言。

一、利用现状

目前,在潍县西方侨民集中营旧址现存的文物建筑中,十字楼作为乐道院潍县集中营博物馆展陈的主要场所,南、北关押房作为管理办公用房来使用。专家 1 号楼、专家 2 号楼、文美楼、文华楼的文物保护修缮工程已竣工,楼幢暂时闲置。从整体上讲,旧址的开放和展示利用程度需进一步提高。

2020 年 9 月 3 日,为纪念中国人民抗日战争暨世界反法西斯战争胜利 75 周年,乐道院潍县集中营博物馆正式开馆。

(一)展示内容

十字楼是乐道院潍县集中营博物馆展陈的主场所,包含乐道院历史陈列、西方侨民集中营专题展览和世界反法西斯陈列三大主题,共有 54 个展厅,主要通过文字资料、历史照片、图纸和实物模型向观众展示了乐道院各个历史时期的相关情况。博物馆展览比较全面、真实地再现了乐道院的发展历史、中国人民帮助西方侨民与日本侵略者进行英勇斗争以及世界反法西斯的光辉历程,是一部难得的对中国人民提供爱国主义教育、对世界人民提供和平主义教育的生动教材。

十字楼原为乐道院医院大楼,其平面布局为内置走廊式,作为博物馆展陈来使用存在许多先天性制约因素,如陈列空间狭窄,展陈内容拥挤混杂,展示流线和疏散路线难以有效组织,影响展览质量、观展体验和游客安全。世界反法西斯陈列部分,潍县集中营内部发展变化同外部国际反法西斯大环境进展的联系不强,缺乏同国际反法西斯阵营的联系,展陈内容的针对性不强。十字楼门前广场西北角设置埃里克·利迪尔纪念碑以及说明牌,展示方式较为单一。博物馆陈列中的文物种类与数量不足,需进一步提升文物征集力度。

(二)展示方式

乐道院潍县集中营博物馆内文物以现场展示为主,历史场景还原展示为辅。可移动文物的展陈空间,含图文、说明牌等展陈措施,在一定程度满足了展陈需要。

十字楼内部分房间原景展示病房,部分房间还原展示集中营和关押房场景,展陈混合,造成展示空间混杂,无法显示关押集中营时的真实场景。

由于十字楼外部广场和周围环境在布局与氛围上与历史不符,削弱了文物本体自身具有的历史氛围,影响展示效果。

博物馆内缺乏多样、互动的展示方式。

(三)开放程度

潍县西方侨民集中营旧址现存文物建筑中十字楼为完全开放展示;专家 1 号楼等其余建筑主要进行外观展示,内部空间不开放。

(四)宣传

乐道院潍县集中营博物馆自开馆以来开展了数十场宣教活动,有效宣传了爱国主义、革命主义和和平主义,有力地提升了潍县西方侨民集中营旧址的社会影响力,但宣传广度不足,形式单一。

二、利用原则

潍县西方侨民集中营旧址的利用首先应以文物保护为前提,坚持科学、适度、持续、合理地利用的原则。

潍县西方侨民集中营旧址的利用必须制定科学的展示利用方案,必须在不影响文物原状、不破坏历史环境的前提下实施,展示手段必须与文物本体风格、内涵及其环境相协调;展示利用应把社会效益放在首位,促进社会效益和经济效益协调发展。应注重环境优化和设施更新,同时进行功能置换,为游客接待和优质服务提供便利。

利用的过程中,应充分挖掘潍县西方侨民集中营旧址的价值内涵,弘扬其蕴含的新时代价值。

三、利用方式

(一)宣传教育

充分利用乐道院作为全国重点文物保护单位的属性,针对广大群众,通过多种手段宣传文物古迹的历史信息和价值,宣传文物保护相关知识,宣传乐道院的历史和人文积淀,提高广大人民群众文物保护意识,并尽量避免游客在参观游览过程中对文物的损害。

充分发挥潍县西方侨民集中营旧址"全国爱国主义教育示范基地"的作用,对高等院校、中小学生及广大民众开展广泛、深入、持久的爱国主义教育和宣传,提高全国人民的民族自尊心和自豪感,通过爱国主义和国际人道主义精神的教育与宣传,引导广大青少年树立正确理想、信念、人生观、价值观。

充分发挥博物馆的宣传功能,加大对中国人民抗日战争、国际反法西斯战争、国际和平主义、中国共产党党史、潍坊中西方文化交流、乐道院发展演变进程等的宣传力度。

(二)价值利用

潍县西方侨民集中营旧址蕴含较高的历史、科学、艺术、文化和社会价值,深入挖掘其价值内涵和外延,弘扬其所蕴含的新时代价值,对旧址的有效利用将起到积极的作用。

1.展示利用

整治沿河绿化和建筑外观风貌,提升沿虞河景观,使沿河景观与乐道院历史环境更加协调,打造以和平主义、国际主义为主题的沿河公园景观带。

对十字楼、南北关押房、专家1号楼、专家2号楼建筑本体集中连片展示。在建筑基址考古和相关研究成果的基础上,对钟楼基址、科学楼基址、大饭堂基址、教堂基址等进行特征性展示;复原乐道院大门。

综合利用十字楼、专家1号楼、专家2号楼提升改造博物馆现有展陈体系,扩大展陈面积。增设以抗日战争与国际反法西斯战争、近代潍县中西文化交流与碰撞、国际和平主义、中国共产党革命斗争为主题的展示。抗日战争与国际反法西斯战争主题主要以抗日战争和国际反法西斯战争的历史为主线,展示日本帝国主义侵略中国,给中国人民和世界人民带来的伤害,以及潍县人民无私帮助西方侨民的国际主义精神。近代潍县中西文化交流与碰撞主题主要展示晚清以来在西方影响下潍坊卫生、教育、文化等事业的发展变迁和面对西方文化入侵时中国人民的抗争。反对战争、热爱和平的国际和平主义主题立足所处的国际和平城市潍坊,举办如幸存被关押人员故地回访等一系列反战和平活动,突出中国人民热爱和平的国际和平主义精神。中国共产党革命斗争主题立足乐道院作为我党收藏秘密文件、召开党团员会议、研究革命工作的重要基地这一基础,展示潍县党组织从准备到诞生的革命活动全过程和党员不畏困难、不屈不挠的斗争精神。

南北关押房以现状展示为主,并延续博物馆办公用房的功能。

文华楼和文美楼位于广文中学内,鉴于其特殊的地理位置,不适合面向社会开放,应以现状展示为主,内部专题展示广文中学校史、乐道院建成以来的教育发展史等。

2.和平文化有效利用

抗日战争前期,日军占领潍县,潍县人民与乐道院内侨民团结合作,反抗日本侵略。太平洋战争后,日军将乐道院改造成亚洲最大的集中营,关押美、英等20余国侨民,人数达2008名。集中营解放后,难友虽各自回到祖国,但他们没有忘记共同的苦难以及和平之不易。难友之间相互联络、交流,为和平和友谊续写新篇章。作为潍县西方侨民集中营旧址所在地的潍坊,当地人民更懂得和平的珍贵。2021年,国际和平城市协会公布潍坊市为全球第308座国际和平城市,潍坊也是中国3座国际和平城市之一。

和平与发展是当今时代的主题。坊子德日建筑群、胶济铁路、二十里堡火车站、大英烟公司旧址等是潍坊境内著名的近代文化遗产,不仅文物价值高,且富含和平元素。应深入挖掘其蕴含的和平文化内涵,以潍县西方侨民集中营旧址为中心,充分利用潍坊国际和平城市的平台,打造和平文化弘扬基地,为世界的和平贡献力量。

3.国际交流不断加深

潍县集中营解放后,关押在此的西方侨民陆续回到自己的祖国。对于在此被关押3年多之久的幸存者来说,既忘不掉在此经历的苦难,也忘不掉潍县人民给予的帮助。潍县俨然成为他们的第二故乡。

1995年8月17日,在抗日战争胜利暨潍县集中营解放50周年之际,美国、英国、加拿大等国10余位集中营幸存者及其亲属来到潍坊,参加在潍坊二中利迪尔纪念花园举行的纪念活动。2005年8月17日,美国、英国、加拿大、澳大利亚、新西兰等国的100余名集中营幸存者及其后代来到潍坊,参加潍县集中营解放60周年纪念活动。2015年8月17日,潍坊市举办潍县集中营解放70周年纪念活动,来自美国、英国、新西兰等国的80余位集中营幸存者及其后代参加了此次纪念活动。

目前,集中营幸存者及其后代均成长为各行各业的佼佼者,他们情系乐道院,情系潍坊,情系中国。将潍县西方侨民集中营旧址打造成国际交流的窗口,有利于促进中西文化交流向更广、更深方向发展。

4.革命精神传承弘扬

乐道院的革命活动从五四运动一直持续到新中国成立之后,其间文华中学与潍县公私立学校共同成立"学生联合会";文华中学学生创办《醒华报》,庄龙甲创建潍县第一个党组织——中共潍县支部;潍县党组织被破坏后,乔天华依靠地下党组织的力量,成立了潍县中心县委;王一之、丁子新发展"民先"队员,正式成立"民先"潍县队部,开展抗日救亡运动;聂凤智司令员在广文中学教学楼指挥著名的潍县战役;华东大学在乐道院诞生;等等。这些革命史实均与乐道院存在密切的关系,革命志士开展的革命活动,是潍县人民反抗侵略压迫、追求民族独立,反抗封建专制、追求民主进步的真实写照。丰富的革命史实为革命精神的研究和传播提供了大量的素材。

潍县西方侨民集中营旧址已列入山东省革命文物保护名录,未来将以旧址为依托,进一步深入挖掘所蕴含的革命精神,为赓续红色血脉、传承红色基因贡献"乐道力量"。

附　录

附录一　山东教会建筑一览表

（省级及以上文物保护单位）

序号	名称	批次	时代	地址	类别	简介
1	青岛德国建筑	第四批全国重点文物保护单位	清	山东省青岛市	近现代重要史迹及代表性建筑	青岛德国建筑包含基督教堂和天主教堂等。基督教堂（1908—1910年建）位于江苏路15号，由德国建筑师罗克格设计，为砖石结构德国古堡式建筑，建筑面积1167.18平方米。由钟楼和教堂两部分组成，钟楼立面有大块蘑菇石砌墙体，上有半圆拱形玄武岩窗框，陡斜的红色机制板瓦屋顶和绿色尖顶钟楼。钟楼高39.16米，上有巨型钟表。教堂内可容数百人活动，18米高的大厅两侧分上下两层，内部装饰精美典雅。1999年5月1日，修复后对外开放。天主教堂（1932—1934年建）位于浙江路15号，旧称圣弥爱尔教堂，由德国设计师毕娄哈设计，钢筋混凝土结构，占地11480平方米，建筑面积1877.48平方米。教堂主体两翼各耸一座尖塔，塔高56米，顶端各立有4.5米高的巨型十字架，塔内悬有大钟4口，堂高18米，檐高8.8米，墙基1.1米，可容千人礼拜。建筑平面呈十字形，座北向南，气势庄严宏伟。1999年5月1日修复对外开放。

151

续表

序号	名称	批次	时代	地址	类别	简介
2	洪家楼天主教堂	第六批全国重点文物保护单位	清	山东省济南市	近现代重要史迹及代表性建筑	洪家楼天主教堂耶稣圣心主教座堂（Hongjialou Cathedral），全称洪家楼耶稣圣心主教座堂，一般简称洪家楼教堂。洪家楼天主教堂是利用光绪二十六年（1900年）《辛丑条约》的庚子赔款筹建的，由奥地利庞会襄修士设计，中国劳工承建。光绪二十七年（1901年）开工建设，历经3年多时间，于光绪三十一年（1905年）5月竣工。整个建筑坐东朝西，立面为典型的哥特式建筑风格，平面呈"十字形"，象征着天主耶稣受难的十字架。建筑面积约2600平方米，教堂大厅可容纳千人进行宗教活动。洪家楼天主教堂在建成时是济南市也是华北地区规模最大的天主教堂，在中国近代宗教建筑中占有重要地位。

续表

序号	名称	批次	时代	地址	类别	简介
3	坊子德日建筑群	第七批全国重点文物保护单位	1898—1945年	山东省潍坊市坊子区	近现代重要史迹及代表性建筑	坊子天主教堂是坊子德日建筑群的组成部分。清光绪九年(1883年),天主教开始传入潍县坊子一带。坊子天主教堂建于1910年左右,直属烟台教区管辖,当时教堂的主教是一个被称为罗马教廷的外籍人。这座教堂是潍县坊子一带最大的天主教堂,位于三马路西段路北,是一座典型的欧式建筑,占地超70亩(约4.7公顷),建筑面积519.24平方米,分为东西两座教堂,有房屋34间。设有天主教堂(东教堂)、神父住宅(西教堂)、修女楼、仁慈堂(孤儿院)、济贫院)、绣花房(服装组)、学校、医院、墓地(解放后辟为烈士陵园)及农田、果园、菜园、花园,树木和部分养殖副业。"文革"期间,教堂的多处建筑被毁坏和拆除,现仅存修女楼和神父住宅。
4	兖州天主教堂	第七批全国重点文物保护单位	1901年	山东省济宁市兖州市	近现代重要史迹及代表性建筑	清康熙年间传教士汤若望、南怀仁等曾在境内建教堂传教。1891年德国传教士进入兖州,1897年开始营建兖州天主教堂,1899年建筑群南北长386米,是全国的大圣堂(天主圣神堂)。此建筑群南北长386米,东西宽216.7米,总面积83646.2平方米,是全国屈指可数的天主教堂之一,其建筑之精美,规模之宏大为世人所瞩目。1966年,兖州天主教堂的主要建筑被毁坏。

续表

序号	名称	批次	时代	地址	类别	简介
5	原齐鲁大学近现代建筑群	第七批全国重点文物保护单位	1905—1924年	山东省济南市历下区	近现代重要史迹及代表性建筑	1908年,英国传教士卜道成在济南老城区西南南圩子外以"永租"为名强购土地约29.9公顷,作为教会大学山东新教大学新址。为方便学校和已建的华美医院交通专门在南圩子城墙上辟"新建门"。1909年,山东新教大学更名为山东基督教共合大学(Shantung Christian University)。1915年,山东基督教共合大学以"齐鲁大学"为非正式用名。1916—1917年,齐鲁大学先后接收北京协和医校,南京金陵大学医科和汉口大同医学校,筹巨款200余万元,在南关新建门外1908年强购的土地上建筑新校舍。1941年太平洋战争爆发后,齐鲁大学原址被强占为日军军医院。1952年院系调整时,齐鲁大学解体撤销,仅医学院在原址与华东白求恩医学院合并成立山东医学院。1985年,山东医学院更名为山东医科大学。2000年7月,山东大学、山东医科大学并入山东大学,校园称山东大学西校区。2006年12月7日,齐鲁大学(含医学院)建筑群被公布为山东省第三批省级文物保护单位。2013年,原齐鲁大学近现代建筑群入选第七批全国重点文物保护单位。 齐鲁大学时期的建筑由卜道成筹划,美国工程师佩利姆(G. H. Perriam)设计,芝加哥三家公司负责建设。所有建筑均以德国、英国、美国的风格为主,并采用了大量中国传统民居建筑手法和符号,为折中主义建筑群的代表,形成了特色鲜明的建筑文化。整个建筑群规模宏大,富丽堂皇。办公、教学、运动、生活分区建设,各种设施完备,耐用,至今不衰。主校园教学区南北轴线超过200米,轴线最北端为康穆礼拜堂,在南两侧依次有考文楼与根据相对,最南端为葛罗神学院与奥古斯丁图书馆相对。六栋建筑围合成约200米、宽100米的中心花园,为西方园林式布局。校园内主要道路均以两旁栽植的花木命名,由北向南依次为杏林路、槐荫路、丹枫路、松音路、青杨路、长柏路。

续表

序号	名称	批次	时代	地址	类别	简介
6	武穆基督教圣会堂	第八批全国重点文物保护单位	1872 年	山东省蓬莱市	近现代重要史迹及代表性建筑	武穆基督教圣会堂是我国最早兴建的基督教堂之一。清同治十一年(1872 年),美国传教士高配第夫妇于蓬莱城河西侧画建基督教堂,时称"登州圣会堂"。教堂为欧式建筑,单层结构,正中设洗礼池,两侧为更衣房,顶楼木梁上悬有做礼拜用的铜钟。院内现保存有 1915 年立"大美国慕拉弟女士遗爱碑"。
7	潍县西方侨民集中营旧址	第八批全国重点文物保护单位	1942—1945 年	山东省潍坊市奎文区	近现代重要史迹及代表性建筑	见本书介绍。
8	戴庄天主教堂	山东省第二批省级文物保护单位	1879 年	济宁郊区李营乡戴庄村	古建筑及历史纪念建筑	1879 年,德国传教士安治泰和奥地利传教士福若瑟从清代官僚李澍后裔手中购入营园(俗称"李家花园")。1887—1896 年,安治泰、福若瑟将营园改作教堂。1898 年,德国与清政府签订了《胶澳租界条约》,安治泰利用清政府的赔款将其扩建成戴庄天主教堂。教堂总布局分东、西两院,大圣堂居中枢,西院有神哲学院、修通院、东院有圣神会总会、学校、医院、病房等。其他附属设施有钟楼、图书楼、宿舍楼、修女楼、洗衣楼、更衣室、储藏室、配电室、木工房、课堂、花房、鸡房、养峰房等。1948 年 7 月,济宁第二次解放,济北县委和县政府即设在此处。1950 年 5 月,鲁中南疗养院迁至戴庄,1951 年 8 月迁出,此后续为小精神病防治院和干部中南疗养院至今。除圣堂交还天主教会使用外,其余建筑仍为山东省戴庄医院长期使用。

续表

序号	名称	批次	时代	地址	类别	简介
9	烟台基督教长老会堂	山东省第二批省级文物保护单位	清	烟台芝罘区毓璜顶东路	古建筑及历史纪念建筑	登州（蓬莱）和烟台是19世纪英美基督教差会向山东省传教的早期基地。美国北长老会是其中规模最大的一个差会。1862年，该会传教士麦嘉缔来到烟台。1867年，郭显德牧师主持创建了毓璜顶老会礼拜堂。郭显德在烟台毓璜顶和附近胶东各县创办小学共40余所。其中毓璜顶文先小学（男校）和会英小学（女校）开办于1866年，是烟台最早的西式学校。后来发展成烟台益文商专，即今烟台二中前身。郭显德夫人苏紫兰则在毓璜顶创办著名的毓璜顶医院和烟台第一个幼稚园。到1902年，毓璜顶老会礼拜堂能容纳800余人。1903年教堂扩建。1941年太平洋战争爆发，日军将美籍传教士监禁于潍县乐道院集中营。1950年，外籍传教士撤离，该堂由中国籍长老张峰青主持，1958年并入烟台市基督教联合礼拜。

续表

序号	名称	批次	时代	地址	类别	简介
10	广智院	山东省第二批省级文物保护单位	1905年	济南历下区广智院街	古建筑及历史纪念建筑	广智院原属基督教浸礼会。1904年浸礼会在青州开办的博古堂迁至济南，由英籍牧师怀恩光主持兴建院舍。次年首期工程竣工，院舍被命名为广智院。广智院是外国教会在中国兴办最早的博物馆之一。 该院坐南面北，长185米，平均宽近70米，建筑群方正对称。由陈列大厅和纵横连贯的陈列室及休息厅组成，总平面呈"出"字形。陈列大厅通面阔七间，其中正厅阔七间，深三间，室内通柱高起，外观成二层重檐。左右两翼各四间，深为二间，平接于大厅山墙中部，两端尽间南向辟门，外作小引廊，与转角之纵向陈列室相通。纵向室为深仪一间的狭面，南北阔为九间，明间各辟东西向侧门，成中心横向陈列室的出口。横向室东西阔十三间，小狭面，正中一间前后辟门，贯通休息厅和向南纵列的陈列室。休息厅居建筑群的中央，北起大厅前墙，南接横向室，阔深各三间，左右各环以外廊的内跨院。建筑群的室内空间，开阔敞朗，通顺繁凑，充分利用了自然通风采光的条件。 1992年，广智院被列为省文物保护单位。2013年，广智院并入原齐鲁大学近现代建筑群，为省第七批全国重点文物保护单位。

续表

序号	名称	批次	时代	地址	类别	简介
11	宽仁院旧址	山东省第二批省级文物保护单位	1902年	威海环翠区海滨中路	古建筑及历史纪念建筑	宽仁院原为英商修建的别墅，后为天主教修道院和慈善机构所在地，其建筑精美，历史悠久，是山东省重点文物保护单位，建于1902年，占地面积约9300平方米，建筑面积2456平方米，由主、副两座楼房组成，共有房屋123间。主建筑二层，平面呈"丫"字形，四阿顶，东侧和南侧有天窗，回廊。附属建筑为四阿式大屋顶，有天窗，回廊和八角形的花厅。最初是英商修行的私人别墅。1934年，10多名卢森堡黑衣修女来到威海，时逢英商和汇洋行露石台别墅作为抵偿债务转移到教会名下，教会将此建筑拨付给修女会，修女们将别墅扩充改建，在别墅以南修建了修道院和孤儿院，即宽仁院。
12	崇实中学旧址	山东省第三批省级文物保护单位	1904年	烟台龙口市东莱街道办事处沿河东路河东街1号	近现代重要史迹及代表性建筑	1892年，美国传教士西塞罗·华盛顿·普鲁德（浦其维）和夫人安娜·西沃德爱美国基督教浸信会的派遣来黄县传教，并在城北来家疃创办一所男生寄宿学校，名为哈约瀚学校，中国人称"华洋书院"。1903年，在城东小栾家疃一带购地建房，1904年建成，原哈约瀚学校迁入新址。1905年学校扩建，1909年美国人海查理接办华洋书院，更名为崇实学校。1920年，学校与教会所办的登州府范女学院、育灵女子师范学校合并，小栾家疃改立本小学，也称崇实学校。1931年崇实学校成立工读部。1941年太平洋战争爆发，日军查封崇实学校，学校仅留神学部维营。1946年1月，学道院集中营同迁入的北海中学，并将美国人遗送到我人民政府接管。1950年8月10日，易名为"山东省立黄县中学"。现为龙口市第一中学东校。

续表

序号	名称	批次	时代	地址	类别	简介
13	海星学校旧址	山东省第三批省级文物保护单位	中华民国	威海文化路5号鲸园小学	近现代重要史迹及代表性建筑	海星学校旧址位于环翠区文化路5号鲸园小学院内，为法国教会在威海所建天主教堂附设的海星学校教学用楼，建筑共两座。西面一幢建于1921年，占地面积164平方米，面阔八间，进深8.2米，高8米，四阿式顶，为海星学校办公楼，保存完好。东幢1932年建，1934年竣工。占地448平方米，面阔32米，进深14米，高12米，平面呈长方形，三层，石结构，有地下室，楼上平台建有女儿楼，西墙北部及北墙东部有台阶。内部中间为走廊，南北两面各设教室。
14	牌坊街礼拜堂（含教士楼）	山东省第三批省级文物保护单位	中华民国	济宁市市中区	近现代重要史迹及代表性建筑	牌坊街礼拜堂由美国北长老会开辟于1892年，位于牌坊街路西，济宁市第一人民医院西邻，为济宁市市中区两处开放的基督教教堂之一（另一处为黄家街教堂，最初由美国南浸信会开辟）。

续表

序号	名称	批次	时代	地址	类别	简介
15	将军庙天主教堂	山东省第四批省级文物保护单位	清	济南市历下区泉城路街道	近现代重要史迹及代表性建筑	将军庙天主教堂初建于清顺治七年(1650年)。天主教方济各会的西班牙神甫、北京教区的教士嘉伯乐来到济南，在西门门内将军庙街购地13.6亩(约0.9公顷)，主持建造了一座从结构布局到外观造型均为西方教堂模式的天主堂。此为济南近代建筑活动最早的记录。1660年，城西北陈家楼建立了分堂口。雍正二年(1724年)，济南爆发反对洋教的运动，教堂被当地愤怒的群众焚烧拆除，传教士亦被驱逐。咸丰十一年(1861年)正月初，法国主教江类思来山东施教，向山东巡抚提出索要教堂旧址并重建天主堂的要求。意大利主教顾立爵从1864年开始重建工程，两年后主教堂建成开投入使用。教堂高26米，建筑面积350平方米。为了缓和与当地民众的矛盾，教堂采用中国传统建筑形式建造，并结合了济南民居的特点，石墙到顶，卷棚屋面，小青瓦覆盖，形式朴素，仅在门窗等部位保留一些西洋建筑特征，并将地在正门对面修建了一处照壁，成为一座中西合璧的建筑。1863年和1898年，在主教堂东侧和北侧又分别建起小修道院和主教公署，西侧设立了海星学堂。1905年，主教座堂迁往东郊新建的洪家楼圣耶稣圣心主教座堂(即洪家楼天主堂)。这座天主堂在"文革"期间遭到了严重破坏，1966年被关闭，1979年6月23日成为济南首先恢复开放的天主教堂。该建筑群为济南最早的近代建筑艺术代表作，体现了老济南在近代中西文化碰撞、交融时期的建筑特点。其建设艺术特别是内部壁画精美，宗教气氛浓郁，是济南重要的宗教建筑之一。

续表

序号	名称	批次	时代	地址	类别	简介
16	经四路基督教堂	山东省第四批省级文物保护单位	1926年	济南市槐荫区五里沟街道	近现代重要史迹及代表性建筑	经四路基督教堂原为山东中华基督教自立会礼拜堂,1924年始建,1926年落成,占地面积1.33万平方米,建筑面积1763.4平方米,为济南最大的基督教堂,也是济南商埠地区的标志性建筑之一。该教堂为第一座完全由中国人投资、设计、建造的基督教堂建筑,建成后也一直由中国教牧人员管理,其设计者为该处原临时礼拜堂第一任中国籍牧师李道辉之子李洪根,施工建造者为祖台籍建筑商杨长庆、杨长贞。该教堂坐北朝南,平面为"工"字形,主体建筑高两层,地下一层。其底层为毛石砌墙,二层以上为清水红砖墙,红色机制板瓦屋顶,色彩鲜艳明快,立面造型质朴庄重,以文艺复兴时期建筑手法为基础,并融合了中国传统建筑部分形式,与整个商埠地区两式建筑的设计风格相融合。大礼拜堂,进深三大间,二层周围设有回廊,内部空间宽敞,按座次能容纳约1300人。
17	李村基督教堂	山东省第四批省级文物保护单位	1904年	青岛市李沧区李村街道	近现代重要史迹及代表性建筑	德国强占胶澳地区后,德国基督教信义会(亦称"路德会")派遣传教士昆祚等来青传教。1900年昆祚和士谦二人在李村选定教堂基地,1904年由德国传教士部约翰来李村主持修建完成。李村基督教堂可容纳200余人,堂顶建有钟楼一座,在教堂后院另建有房屋多间,院子面积超过600平方米。教会以此作为高等教会学堂,招收各地学生百余人住校学习,部约翰任校长并兼任教会牧师。"文革"期间该教堂被占用,堂顶钟楼被毁。1983年由基督教会收回并进行维护修缮,1984年恢复宗教活动。

续表

序号	名称	批次	时代	地址	类别	简介
18	光被中学旧址	山东省第四批省级文物保护单位	1904—1912年	淄博市周村区大街街道	近现代重要史迹及代表性建筑	光被中学原系基督教会所办。1897年秋,基督教英国浸礼会教务负责人蔚兰光在周村老龙窝耿家大院开办周村男子学校(又称小学堂),隶属基督教英国浸礼会管理,由英国传教士蔚兰光任校长。1903年秋,基督教英国浸礼会在邹平城南门里租借民房办学,开办"光被中学堂",男女分校,招收学生37名,隶属基督教英国浸礼会管理。翌年,林慧生(英国)接任校长,男校定名为"光被学堂",女校定名为"遵道女校",1909年,耒志诚(英国)接任校长,1911年,潘亨利(英国)接任校长。1904年春,英国传教士法思远从邹平迁来周村,在傅家庄西(本校现址)建大片校舍,开办女学房,隶属基督教英国浸礼会管理,法思远之妻安妮(英国)任校长。1907年,英国教务负责人商德成在女学房劳务购得土地10余亩(约0.7公顷)建新校,将城里的周村男子学校迁至新址,又称男学堂,英国传教士胡维斯任校长。1909年春,基督教英国浸礼会在女学房东侧购地31.89亩(约2.1公顷),扩建女学房和使馆馆舍,目的是培训一些年龄较大的女生成为老师。1912年竣工。

续表

序号	名称	批次	时代	地址	类别	简介
19	杏园天主教堂	山东省第四批省级文物保护单位	清	淄博市张店区杏园街道	近现代重要史迹及代表性建筑	杏园天主教堂初建于19世纪末,1929年8月由美籍神父卢洪文主持改建,1932年竣工,坐南朝北,占地面积约2.1万平方米。教堂平面呈"凸"字形,面阔三间,进深七间,北主立面中间外凸,为三层方形塔楼。主建筑四隅及隔间为石砌立柱,墙体为水磨青砖砌筑,木桁架,红色机制板瓦两坡顶。主立面辟三门,石砌门框,中门为尖拱顶,两侧门为卷顶,三门上方各辟一圆窗。塔楼二层设假券窗,窗内镶"天主堂"三字。三层设并列二券窗,六角攒尖顶上置十字架。主建筑东、西两侧面设置拱券窗,顶部四角和塔楼的顶部四隅角各置一石雕楼阁式塔形装饰。教堂内,南部设置讲坛。
20	峄城基督教堂	山东省第四批省级文物保护单位	1912年	枣庄市峄城区坛山街道	近现代重要史迹及代表性建筑	峄城基督教堂建于1906年,由美国基督教会所建,属于西洋式结构。建筑东西长30米,南北宽30米,分上下三层,并且有地下室,建筑面积为900平方米。1921年,在峄城基督教堂成立了峄县基督教总会。教会在传经布道的同时,大力发展慈善事业,推动教育事业发展。1917年,在礼堂的东南院建立起灵光道院大楼。该楼用块石细料砌垒,两层,西式拱形式,有四处教室和办公室、图书室,面积为900平方米。教堂内设男子高中和男子初中、女子初中。1930年,美籍德裔万美利从临近米到峄城基督教堂,在教堂南边建立孤儿院。抗日战争时期,峄城基督教堂是峄县城里接待流亡学生的秘密联络点。鲁南战役期间,多次重要的军事会议都是在这里召开的。1945年10月,陈毅率领新四军部分人员到达峄县城,经常在南关基督教堂召开鲁南战役指挥部,是鲁南战役召开会议。1947年1月初,鲁南战役打响。陈毅的指挥所曾设在该教堂内。

续表

序号	名称	批次	时代	地址	类别	简介
21	枣庄师范方楼	山东省第四批省级文物保护单位	1912年	枣庄市峄城区坛山街道	近现代重要史迹及代表性建筑	枣庄师范方楼建于1912年，由美国基督教会所建，用于宣扬基督教，属于两洋式结构。建筑面积超过420平方米，此建筑在1949年枣庄师范建校时归枣庄师范使用使用至今。现为枣庄师范校史展馆和接待室。
22	枣庄师范铁楼	山东省第四批省级文物保护单位	1912年	枣庄市峄城区坛山街道	近现代重要史迹及代表性建筑	枣庄师范铁楼建于1912年，由于房顶为铁皮建造，故称之为铁楼。由美国基督教会所建，用于宣扬基督教，属于两洋式结构。
23	崇正中学旧址	山东省第四批省级文物保护单位	1931年	烟台市芝罘区东山街道	近现代重要史迹及代表性建筑	崇正中学旧址原有五幢法国早期古典主义建筑风格小楼，现仅存两幢。它是法国天主教方济各会的神父设计，主体建筑为四面坡屋顶，青砖砌筑，清水边墙，双层双层外廊台，使用西方古典主义青砖雕和木雕，明快的色彩，显得优雅素朴，是烟台市研究法国早期古典主义建筑风格的重要实物资料。崇正中学原为1931年2月由烟台天主教方济各会创办的私立男子中学，黄烈卿任校长。1945年8月烟台首次解放后，该校由烟台市政府接管，成为公立学校，与原崇德女子中学合并，更名为滨海中学，旋即改名为烟台市立第二中学，由刘仲嶷任校长，刘立凯任教导主任。

续表

序号	名称	批次	时代	地址	类别	简介
24	基督教浸信会教堂旧址	山东省第四批省级文物保护单位	1916年	烟台市芝罘区东山街道	近现代重要史迹及代表性建筑	基督教浸信会教堂,欧洲巴洛克风格,建筑形制为南北长方形,坐南面北。它于1906年始建,1912年建成投入使用。现作为天主教堂对外开放,已是滨海景区的特色。
25	烟台蚕丝专科学校旧址	山东省第四批省级文物保护单位	1922年	烟台市芝罘区奇山街道	近现代重要史迹及代表性建筑	烟台蚕丝专科学校是山东最早的蚕丝专科技术学校,其建筑风格与崇正中学一样,均为法国早期古典主义风格。
26	青州基督教建筑	山东省第四批省级文物保护单位	清末	青州市王府街道	近现代重要史迹及代表性建筑	青州基督教建筑是青州古城著名的清代建筑群,是1879年由英国传教士怀恩光,库寿宁等筹建,包括大教堂,小礼拜堂,博物堂,牧师寝舍等建筑。大教堂叫拜主圣堂,始建于1910年,由英国浸礼会出资建造,至今已有近百年的历史了,是山东省内至今保存较为完好的一处哥特式教堂建筑。如今的教堂外部采用哥特式教堂建筑风格,内部却采用我国特有的古建筑式风格(青砖小瓦),体现了教堂建筑在中国的特有风貌。

续表

序号	名称	批次	时代	地址	类别	简介
27	西黄埠天主教堂	山东省第四批省级文物保护单位	中华民国	昌邑市南子街道	近现代重要史迹及代表性建筑	西黄埠天主教堂位于昌邑市南子街道西黄埠村，始建于1914年。现存大堂1座，大门1座，平房18间，附属牧师王道安墓1座。该教堂是潍坊市境内留存至今为数不多的建于民国时期的天主教堂，对于研究天主教在潍坊乃至山东的传播与发展具有重要价值。西黄埠天主教堂大堂仿西欧建筑以中式为主，部分门窗采用西式风格，其附属建筑则以中式风格，具有典型的法式风格，也是展现中西文化交流碰撞的重要物证。该教堂现由昌邑市天主教爱国会使用，已恢复宗教活动，教务活动现遍及昌邑、安丘、寒亭、坊子、平度、高密、莱州各处，成为山东东部地区天主教活动中心之一。2004年被列为昌邑市重点文物保护单位，2006年被列为潍坊市省级文物保护单位。 大堂共6间（附有祭台、更衣室各1小间），法籍神甫周德范接受教会捐款，建成于1919年。高12米，长35米，宽12米。礼堂顶四角立着四根石柱。教堂内用水泥铺地，正面是木质大祭台，上面摆着耶稣神像，下面摆着铜制蜡台及各种纸制纸花卉。主祭台两务各有小祭台一个，上面分列乐器和圣母像；大祭台后面是更衣室，主教神甫做弥撒时就在这里更衣换戴。 大门由法国路道宣神甫建成于1907年，大门的横匾上雕刻"万有真原"四字。 平房18间，其中学堂3间，法国路道宣神甫建成于1907年，教徒子女可免费入学；北屋8间，法国路道宣神甫建成于1907年，初用作教堂和神甫的宿舍；南屋7间，法国路道宣神甫建成于1907年，初用作原来教徒的宿舍及伙房。 牧师墓1座，为牧师王道安墓，初修于1988年，2008年立碑并安装青石围栏。王道安(1912—1988)，西黄埠村人，教名安多尼，曾在神学院学习4年，27岁晋司铎(sacerdotes)，就职于烟台教区修院，1982年落实宗教政策后，主持西黄埠天主教堂。

续表

序号	名称	批次	时代	地址	类别	简介
28	黄家街教堂	山东省第四批省级文物保护单位	1925 年	济宁市市中区古槐街道	近现代重要史迹及代表性建筑	20 世纪初，美南浸信会差会派传教士李寿亭（平度人）来济宁，在黄家街路南买了一处民房开始传教办学，其中 3 间北屋用作礼拜堂。后来先后派王洪海牧师，美国传教士道哲斐及葛纳理夫妇、李约翰夫妇到济宁，又买下周围民房，空地修建住房，礼拜堂由 3 间扩大到 8 间。1911 年正式成立了基督教浸信会，并以此为中心由城内发展到城郊。葛纳理从 1920 年起先后在美国和中国信徒中募捐，于 1925 年建成黄家街基督教堂。1938 年成立基督教浸信会鲁西南街会议会。日本侵华战争期间，日本人占领了济宁，在太平洋战争还没没开始，日本还没有和美国开战前，美国人受到保护。当时葛牧师到日本司令部交涉，说黄家街北面住的都是他的教民，不能让日本兵进去，开了证明后，在教堂北面的黄、王、程三家设立了难民营。后来，大平洋战争爆发，美国人不再受保护，葛纳里牧师一家就回国了，浸信会和礼拜堂也被封了，教会原来的区域就成为日本人的一个特务机关厂占用。1985 年落实宗教政策后，工厂迁出教堂，同年 12 月对教堂进行修复，于1986 年 6 月 18 日重新开放。黄家街教堂历经沧桑近一个世纪后，其古朴典雅风范仍存。该教堂位于山东省济宁市县前街 57 号，为古堡式建筑，北、西两面面临街，座东向西；砖石结构，红色机制板瓦挂瓦屋面，门前石砌台阶，造型美观大方。教堂主体长 25 米，宽 14.4米，檐高 8.5 米；上有钟楼，下有地下室。钟楼顶层是一座六角形圆顶钟亭，拔地高 21 米，原有合金刚钟一口（"文革"期间遗失）。堂内有雅座位及原座位，可容纳 700 余人，东端设有讲台，左侧设为乐器台，讲台后边是浸水池。

续表

序号	名称	批次	时代	地址	类别	简介
29	萃英中学建筑群	山东省第四批省级文物保护单位	清、中华民国	泰安市泰山区岱庙街道	近现代重要史迹及代表性建筑	萃英中学的前身为"贞德女校"。1900年，美传教士郑乐德在美以美教堂两侧创办"贞德女校"。1910年改称"贞德女中"，后又设师范班，为教会培养师资。1912年改为"萃英中学"，现为泰安一中校址。该建筑群现仅存三座建筑，第一座楼始建于1917年，面宽几间，进深六间，条石砌墙。第一层为地下室。第二、三层青砖砌墙，木质地板，红色机制板瓦覆顶，尖顶单脊。第二座楼建于1912年，三层，青砖砌成，十字架形建筑，尖顶。一层为地下室。第三座楼建于1912年，三层，面阔四间，进深四间，单脊尖顶。二、三楼原为教室兼牧师宿舍。
30	刘公岛基督教堂	山东省第四批省级文物保护单位	1902年	威海市环翠区刘公岛	近现代重要史迹及代表性建筑	1894年，英国传教士本杰明及艾达·穆迪特夫妇前往石岛传教，1898年受普茨茅斯兄弟会指派离开石岛前往刘公岛定居，为英国海军人员进行宗教服务。他们先是开办了一个房间做祈祷、阅读《圣经》之娱乐的机构，其中一处供水兵和士兵休息。1902年中国成立后，礼拜堂被驻岛人民海军改成幼儿园。2010年后闲置。该建筑为木石制成，有教堂及附属建筑8间，占地227平方米。教堂坐北朝南，建筑平面为长方形，东侧、南侧各建有一处门厅，东侧另有一附属建筑与主建筑相接。

168

续表

序号	名称	批次	时代	地址	类别	简介
31	朝城天主教堂	山东省第四批省级文物保护单位	中华民国	莘县朝城镇	近现代重要史迹及代表性建筑	朝城天主教堂位于山东省聊城市莘县朝城南街西侧，建于民国初年，占地 40 亩（约 2.7 公顷），主建筑圣堂面积 500 平方米，另有 1940 年由德国修女建造的 7 间 2 层楼 1 座和瓦房 10 间，是中国山东省四大修女院之一。
32	朝城耶稣教堂	山东省第四批省级文物保护单位	清	莘县朝城镇	近现代重要史迹及代表性建筑	朝城耶稣教堂位于山东省聊城市莘县朝城北街西侧，与南街的天主教堂遥相呼应，为德国建筑风格。教堂始建于 1897 年，由美国和法国传教士共同创建。主建筑为礼堂，建筑面积约 1000 平方米，青砖灰瓦，内有立柱，上有钟楼，钟楼高约 20 米，内悬铜钟。院内有 12 间 3 层楼，为德国建筑风格。
33	古楼街天主教堂	山东省第四批省级文物保护单位	1934 年	临清市新华街道	近现代重要史迹及代表性建筑	古楼街天主教堂位于临清市新华街道办事处第一中学院内，此楼于 1934 年 4 月由胡修身主教筹资，王赐玺神父经手所建。1935 年秋，成立于 1930 年的若瑟修道院由小芦村迁入十字楼内。1941 年，李荣臣主教迁入楼内居住，修道院修生搬出，任于楼外平房内居住。1945 年 9 月，冀南中学迁入，使用至今。该楼平面呈十字形，坐北朝南，砖木结构，高两层，占地超过 1000 平方米，现保存比较完整。

续表

序号	名称	批次	时代	地址	类别	简介
34	华美医院诊疗楼	山东省第四批省级文物保护单位	清	临清市先锋街道	近现代重要史迹及代表性建筑	华美医院诊疗楼位于临清市健康街街城市第二人民医院内，建于清光绪二十六年（1900年）。临清华美医院原为施医院，建于清光绪十二年（1886年），设在基督教会内，由美籍传教士金发兰，卫各纳创建，后被义和团拳民所焚。光绪二十六年（1900年）在南北街扩地百亩重建，更名"华美医院"，由中方捐款，美国人所建，医疗费由教会拨款，基本免费就诊。民国十六年（1927年），美籍医生孔美德，端杏林等捐款3645.5美元，购置X光机，发电机，由美国直运我港口，财政部特予免税，以示嘉奖。来哲元冯治安师长，马鸿逵军长等名流多于此治病治疗。1949年后医院改名"白求恩国际和平医院"，1953年定名为"山东省聊城行署第二人民医院"。现存的该华美医院诊疗楼为砖木结构，平面呈"T"字形，坐西朝东，歇山四坡顶，面阔建筑面积超过1200平方米，地下两层，地上60米，进深20米，前后设内廊，地下一层，内设各科室百余间。墙体砖砌，檐下饰木质斗拱，门窗拱卷，彩绘质朴，应视为中外建筑风格相合之楼。现保存完好。

续表

序号	名称	批次	时代	地址	类别	简介
35	惠民英国教会医院	山东省第四批省级文物保护单位	1919 年	惠民县孙武镇	近现代重要史迹及代表性建筑	惠民英国教会医院原名"如己医院",有"爱人如己"之意,是英国循道公会圣道堂在惠民县开设的一家大型教会医院。该医院开办于 1919 年,1932 年正式被命名为如己医院。由于惠民教会的不断兴盛和发展,教会医院也不断扩大和完善,除医院主楼之外,又相继建成了院长楼,大夫楼、护士楼以及部分附属建筑。现存建筑仅剩 6 组,分别是主楼(山字楼)、院长楼、牧师楼(2 组),教堂(平房)、平房。所有建筑均为砖、木、石结构,楼房都有地下室,平房内下挖部分地面,地板不直接与地面接触,开设通风孔,有效地缓解了潮湿问题。 20 世纪 20 年代初,医院曾举行过医学知识展览,借以宣传教会医院,加强人们对西医技术的认识和了解。1941 年,医院被侵华日军占领,被迫迁至县城,改名为"武定道立医院",后为"惠民县立医院"。1945 年 8 月 30 日惠民解放后,如己医院回到了人民手中。1950 年又迁入渤海军区后勤部医院,后依次改为山东省人民政府卫生厅第八康复医院,惠民专区第一疗养院,惠民结核病防治所,惠民地区结核病防治医院。

续表

序号	名称	批次	时代	地址	类别	简介
36	秦董姜教堂	山东省第四批省级文物保护单位	1940 年	滨州市滨城区滨北街道	近现代重要史迹及代表性建筑	秦董姜教堂位于滨城区滨北街道办事处秦董姜村。秦董姜教堂建于1915 年，大礼拜堂建于1940 年，均为美国人主持建造。1949 年，渤海行署将教堂改建成师范学校。1958 年改名为滨县一中，后成为滨县教师进修学校。现存三座仍较完好的建筑，从南向北分别是修女住所，大礼拜堂，神父的办公场地及住所。大礼拜堂是很显著的哥特式建筑风格，在外墙墙脊的最高处竖立着两个大的十字架，墙壁上镶嵌着许多小的十字架。
37	陈家楼天主教堂	山东省第五批省级文物保护单位	1908 年	济南市天桥区纬北路街道	近现代重要史迹及代表性建筑	清顺治十七年(1660 年)，陈家楼曾建天主教堂分堂，属济南城内天主教堂管理。其分堂与今陈家楼天主教堂有无渊源关系，无稽考。陈家楼天主教堂位于旧前陈家楼，建成于1909 年，时命名为"大圣若瑟堂"，总占地面积亩许。其建筑为砖石结构，是一座哥特式(即"人"字形的建筑形式)的天主教堂，分设礼拜堂，钟楼，神甫工作室，膳宿室等房舍。

续表

序号	名称	批次	时代	地址	类别	简介
38	洪家楼原天主教方济各会华北总修道院	山东省第五批省级文物保护单位	1905 年	济南市历城区洪家楼街道洪家楼北路 1 号	近现代重要史迹及代表性建筑	该建筑位于洪家楼天主教堂的南侧，占地总面积约 3030 平方米，建于 1905 年，分成东、西两大部分，西部为附楼和修道院的附属用房，由一个二层小楼和小教堂组合而成；东部为总修道院的主体，是一个由北楼、东楼，西楼三面围合的三合院。北楼是主楼，其面向洪家楼天主教堂的北立面的东、西，中部各略有突出，有门与教堂的庭院相通，正中突出处是主楼楼梯间，高起出屋面成为塔楼，建筑风格为日耳曼古典城堡形式。塔楼高四层，塔顶以城堡的垛口形状做收檐。群楼底层为连续的半圆券柱廊，共 25 个方形砖柱。二层是低平的圆券，有 25 根用整块青石雕琢而成的圆石柱，简化的古典柱头，刻工精细，价值甚高。楼梯间大门为西洋古典纹样，古朴华丽，墙体为灰砖清水处理，门窗框和建筑的转角皆以砖砌石作隅石状处理。裙楼的东南和西南分别建一小尖塔金额六角形的平台，活跃了建筑的形体。该楼一层北门上方有英文书写了神学院的建造年代。整个修道院的建筑是以罗曼手法为主的德国古典复兴建筑风格，与相邻的哥特式风格的洪家楼教堂建筑风格相异，为研究济南地区宗教建筑艺术及宗教史提供了新资料。2013 年 12 月 20 日被济南市政府公布为第四批市级文物保护单位。

续表

序号	名称	批次	时代	地址	类别	简介
39	花园路原天主教方济各会神甫修士宿舍	山东省第五批省级文物保护单位	1932年	济南市历城区山大路街道	近现代重要史迹及代表性建筑	花园路原天主教方济各会神甫修士宿舍修建于1932年，距今已有90余年历史。它与洪家楼教堂隔路相望，距离仅有百米，这两组建筑也曾经是济南最大规模的天主教建筑群。
40	即墨信义中学旧址	山东省第五批省级文物保护单位	1928—1930年	即墨市环秀街道	近现代重要史迹及代表性建筑	即墨信义中学建校于1904年，前身是清光绪三十年（1904年）德国教会创办的萃英书院，历经萃英书院、私立信义初级中学、山东省即墨中学等不同阶段，是青岛乃至山东省建校最早、历史最悠久的学校之一。
41	土峪天主教堂	山东省第五批省级文物保护单位	清	淄博市淄川区洪山镇	近现代重要史迹及代表性建筑	土峪天主教堂始建于1885年，当年美国神父王若瑟购得草房7间，闲地约3000平方米，由德国人投资，先后建有小教堂、神父楼、饲养室、磨坊等。1937—1939年，美籍主教杨光从美国教会筹资，美籍神父向志远监督施工，新建了现存的天主教堂，最终形成了现在以教堂为中心的天主教堂建筑群。1939年，竣工后的土峪天主教堂占地4200平方米，有余，建筑面积约2300平方米，房屋153间，建有大教堂、神父楼、修女院、办公楼、经言小学楼、伙房、磨坊、饲养室、储藏室等。教堂正门上端有高1.3米的教堂主保大圣诺瑟石像，圣体楼及记载耶稣受难始末的苦路14处均以研磨后的巨型整块青石浅浮雕刻成，天棚上绘有耶稣善牧、五饼二鱼、梅瑟颁十诫等9幅西式油画，气势恢宏。整个建筑群均以青石砌成，在方圆百里堪称一绝，被誉为中国北方保存最完好的木石结构建筑群。

续表

序号	名称	批次	时代	地址	类别	简介
42	美国基督教会滕县麻风病医院旧址	山东省第五批省级文物保护单位	1918年	滕州市龙泉街道	近现代重要史迹及代表性建筑	美国基督教会滕县麻风病医院旧址位于滕州市龙泉街道办事处塔寺北路（街）东侧麻风病院内。始建于1918年，早期为基督教堂，现存北、南及东部建筑三栋。北部建筑为一栋四层上下开间仿欧式建筑，南部建筑为一栋二层仿欧式建筑，东侧建筑为一层砖木石结构建筑，建筑群总占地面积约600平方米。
43	滕州一中历史建筑	山东省第五批省级文物保护单位	中华民国	滕州市北辛街道	近现代重要史迹及代表性建筑	滕州一中于1913年由美国基督教北长老会牧师狄乐播创办，位于今山东滕州北关，最初称新民学校。学制4年，教学内容以"道学为主，常识为副"，设有国文、英文、圣经、算学、历史、地理等课程。教具齐全，历史、地理教学有古陶，化石标本等。首届招生20余人。1927年，学校改名为华北弘道院，设道学科和初、中、高级圣经科共4个班。1935年起，学制、学制、课程逐渐接近普通中学。1938年设初、高中各3个班及1个培养传道人员的中级班。1947年，学校改称私立弘道中学，以"以善先人，因材施教，博观深征，强学力行"为校训。1950年，江苏铜北中学迁入，学校改私立为公办，改名为滕县中学。1964年，学校改称滕县一中。1983年大改试点学校之一。1983年，滕县升为滕州市，滕县一中相应改称为滕州一中。

续表

序号	名称	批次	时代	地址	类别	简介
44	基督教齐山会教堂旧址	山东省第五批省级文物保护单位	1916 年	烟台市芝罘区东山街道	近现代重要史迹及代表性建筑	基督教齐山会教堂旧址位于山东省烟台市芝罘区东山街道南山路 121 号，为一幢坐东朝西的单体单层建筑，共一栋 8 间。该建筑硬山，起脊，两面坡屋顶，红板瓦；规整石砌墙面，并带有石砌扶墙柱；尖拱形木制门、窗，室内木地板。原先教堂西北部还建有钟楼，"文革"时钟楼被拆除。该教堂是 1916 年为纪念已逝英国传教士詹姆斯·马茂兰而建。马茂兰曾在烟台传教多年，办学校、建孤儿院，经营花边贸易，影响深远。该建筑对研究民国初期胶东地区基督教事业的发展具有重要意义。
45	中华基督教堂旧址	山东省第五批省级文物保护单位	1919 年	烟台市芝罘区向阳街道	近现代重要史迹及代表性建筑	中华基督教堂位于烟台市芝罘区滨海广场历史文化街区，始建于 1917 年，为二层楼房。坐北面南，西厢房与正房连为一体，建筑平面呈拐尺形。楼房为石木结构，红色机制板瓦两面坡屋顶，棕红色玄武岩石材满顶，正中开南大门，两山厢房连接拐角处又开一西南门，两门顶部均置山花，无其他装饰；背面设有单面廊，东西两侧设有露天楼梯。整个建筑简洁、典雅、庄重、大方。

续表

序号	名称	批次	时代	地址	类别	简介
46	小中泉天主教堂	山东省第五批省级文物保护单位	1910年	肥城市湖屯镇	近现代重要史迹及代表性建筑	小中泉天主教堂位于湖屯镇小中泉居委会，总占地面积1000平方米，建筑呈"T"字形，坐北朝南，主体建筑后部东西两边各有一3米见方的耳房。正门为尖形拱门，门上部有雕刻装饰，轻盈美观。正门上部有一砖砌钟楼，钟楼上尖塔高耸，上立一金属十字架，钟楼与正门之间是三角形的屋脊，由上至下用隶书写了"天主堂"三字，两边的屋角处也是尖塔高耸，教堂东西两侧是大柳叶窗，这些窗户既高且大，觉敞明亮，为典型的哥特式建筑。整个建筑看上去线条简洁，外观宏伟，而内部又十分开阔明亮。建筑整体保存完整，结构稳定。
47	临沂天主教堂	山东省第五批省级文物保护单位	1913年	临沂市兰山区兰山街道	近现代重要史迹及代表性建筑	临沂天主教堂是由德国、比利时和荷兰等国建设。于清朝光绪二十九年(1903年)年破土动工，历经近10年竣工，教堂宽17.5米，长43.2米，钟楼高36米，整体面积为854平方米，可容纳1000多人，是山东省唯一的罗马式建筑教堂，距今已有100多年的历史。

续表

序号	名称	批次	时代	地址	类别	简介
48	福柏医院旧址	山东省第六批省级文物保护单位	1906年	青岛市市南区中山路街道	近现代重要史迹及代表性建筑	1905年，同善会与欧洲人协会的东亚作民共同集资五万银元，在天主教中心与华人居住区的过渡地带着手建立一所标准更高，条件更好的新医院，选址就在今天的安徽路21号。两年以后，新医院落成启用，被命名为"福柏医院"，而原来武定路上的教会医院则改称"花之安院"，而原来武定路上的教会医院则改称"花之安医院"（花之安，是福柏使用的中文名字）。之所以定名为"福柏医院"，是为了纪念德国传教士恩斯特·福柏。他1839年出生于科堡的福柏，23岁在巴门神学院毕业。在青岛早期史料中，福柏一方面要完成教会的传教任务，另一方面又热衷于研究胶澳地区复杂的植物，包括品种调查和区域分布。他是青岛植物学研究的早期人物，对城市的发展具有里程碑意义。

續表

序号	名称	批次	时代	地址	类别	简介
49	礼贤书院旧址	山东省第六批省级文物保护单位	1900 年	青岛市市北区即墨路街道	近现代重要史迹及代表性建筑	礼贤书院位于青岛，前名德华神学校，于1901 年由德国同善会（AEPM）传教士卫礼贤（也作尉礼贤，Richard Wilhelm）创办。1903 年，学校迁于上海路，正式命名为"礼贤书院"。1903 年新校舍建成后，设立了教学楼、实验室，从德国运来了中学理化试验器材、地图、动植物标本。另有宿舍和餐厅，宿舍为两人一间。学制为初级部 3 年，高级部 4 年。清朝末年"废科举，兴学堂"，礼贤书院是早期的新型学堂，也是青岛最早的一所新式学堂。在这里，青岛人第一次听到了"数学"这个名词，由此引发的"中学为体，西学为用"的大讨论也使这家学校名声大噪。早期的礼贤书院虽然毕业人数不多，但也出了一些名人，比如王献唐，曾任山东省图书馆馆长，为著名史学家、考古学家、目录学家，其墓在青岛浮山康有为墓旁。

续表

序号	名称	批次	时代	地址	类别	简介
50	坛山天主教堂	山东省第六批省级文物保护单位	1929年	枣庄市峰城区坛山街道	近现代重要史迹及代表性建筑	坛山天主教堂位于峰城区坛山办事处峰山南路，因地处峰县坛山南关，又称"南关基督教堂"。它始建于1906年，属西洋式建筑，壮美可观，堂内可容纳1300余人；东西长30米，南北宽30米，分上下三层，并且有地下室，建筑面积为900平方米。1922年，第二期工程落成，共有土地512.8亩（约34.2公顷）。该教堂是一座典型的西洋式结构古代建筑，其建筑风格独特，高雅，是我们研究西洋式古典建筑的重要依据。该建筑从建成后，各年代延续不断地经营于此，政府曾多次投入经费进行维修，保存现状较好，是鲁南地区最大的教堂，具有较高的历史价值、独特的艺术价值及科学研究价值。

续表

序号	名称	批次	时代	地址	类别	简介
51	毓璜顶邓勒普旧宅	山东省第六批省级文物保护单位	1911 年	烟台市芝罘区毓璜顶街道焕新路2号毓璜顶医院西侧	近现代重要史迹及代表性建筑	毓璜顶邓勒普(邓乐播)旧宅坐西向东,独门独院,建筑格局保存完整,平面近似方形,石木结构,东南一、二层带外廊,大门位于东侧,大门前设有台阶。四坡顶,仰合瓦屋面,屋面设有烟筒与室内壁炉相通,东侧及西侧顶部有老虎窗。外墙为虎皮石墙,室内间隔墙为青砖砌筑,白麻刀灰饰面或板条抹灰隔断,木门窗,木楼梯,木地板。建筑本体设有半地下室,两层标准楼层,最上层为阁楼层(可上人),属近代亚洲殖民地式早期建筑。建筑面积为 929.1 平方米。邓勒普(邓乐播)旧宅是毓璜顶医院现存典型的以中西结合为主调的代表建筑之一,其平面布局,实用功能明确,空间分布适合合理,是当时别墅设计的典范。其坚固性,实用性,艺术性及独特的施工工艺,令其成为现代建筑可借鉴,可研究的优秀实例。

续表

序号	名称	批次	时代	地址	类别	简介
52	高密修道院	山东省第六批省级文物保护单位	1932 年	潍坊市高密市醴泉街道	近现代重要史迹及代表性建筑	高密修道院位于高密市滨北学校校园内，建筑两层，为哥特式建筑形式，坐北朝南，平面呈"一"字形式对称布局，为砖石钢木混合结构，灰墙体，红色机制板瓦屋顶，双坡屋顶。该建筑始建于1932年，保存较为完整。南侧建有供传教士居住的平房，共计5间。修道院作为高密宗教唯一的修女修道场所，对于研究山东近代宗教史有重要意义。
53	新胜耶稣帝王堂	山东省第六批省级文物保护单位	1840 年	泰安市肥城市石横镇	近现代重要史迹及代表性建筑	新胜耶稣帝王堂俗称天主教堂，位于山东省肥城市石横镇新胜居村新胜居委会后邻，坐西朝东，高超过20米，东西10间超过30米，南北宽12米，另有配房数间。鸦片战争之后，世界列强的侵略势力相继进入中国。德国侵占山东后，先后在各地建立许多天主教堂，此教堂即其中之一。自建立教堂至抗战胜利，德国共派神甫3人。解放战争时期，教堂为肥城县抗日第七区区部所在地。
54	御桥韩天主教堂	山东省第六批省级文物保护单位	1932—1934 年	德州市禹城市十里望回族镇	近现代重要史迹及代表性建筑	御桥韩天主教堂是禹城市方圆百里内规模较大的天主教堂。1911年由德国传教士设计修建，此后陆续扩建，直到1939年形成了包括天主教堂、神甫用房和75间平房的宗教建筑群。禹城市御桥韩天主教堂是典型的哥特式建筑，御桥韩天主教堂现在已经有100多年的历史，圣殿可以容纳1000多人祈祷，中央有耶稣三口的塑像，两侧金碧辉煌的十字壁画讲述的是耶稣所经历的苦难。

附录二　乐道院实测图

实测图目录

实测图

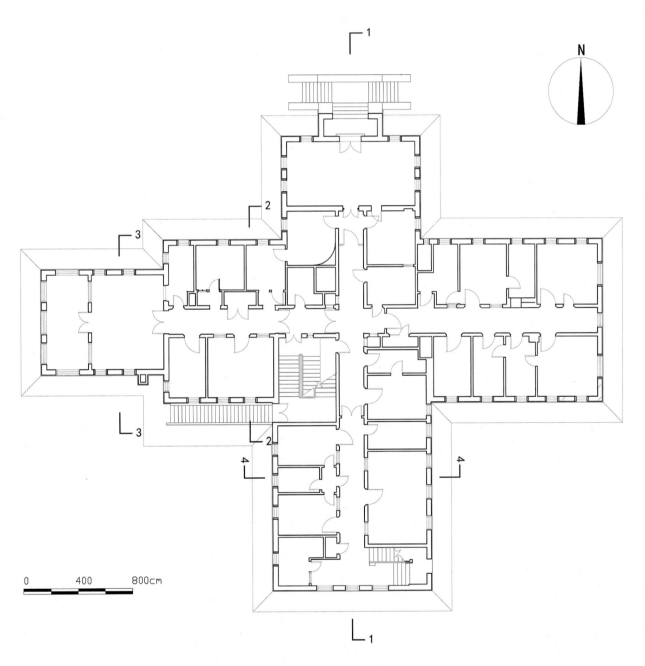

十字楼一层平面图

0   400   800cm

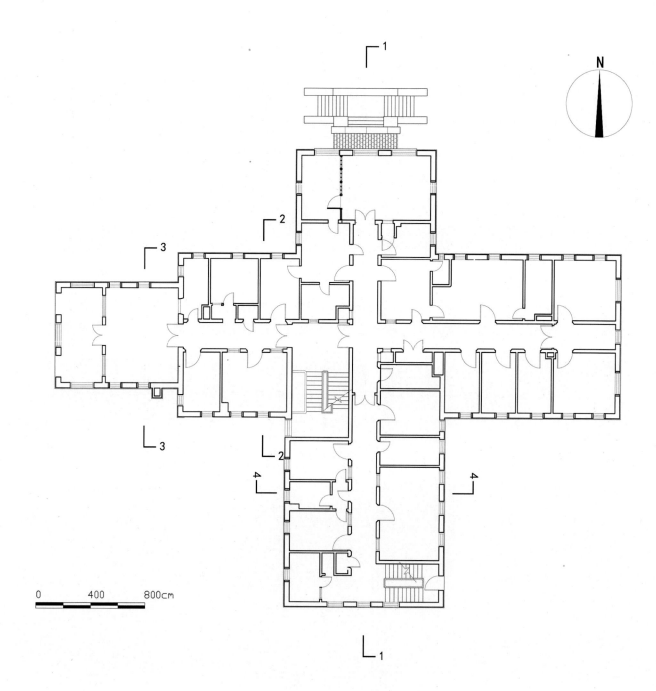

十字楼二层平面图

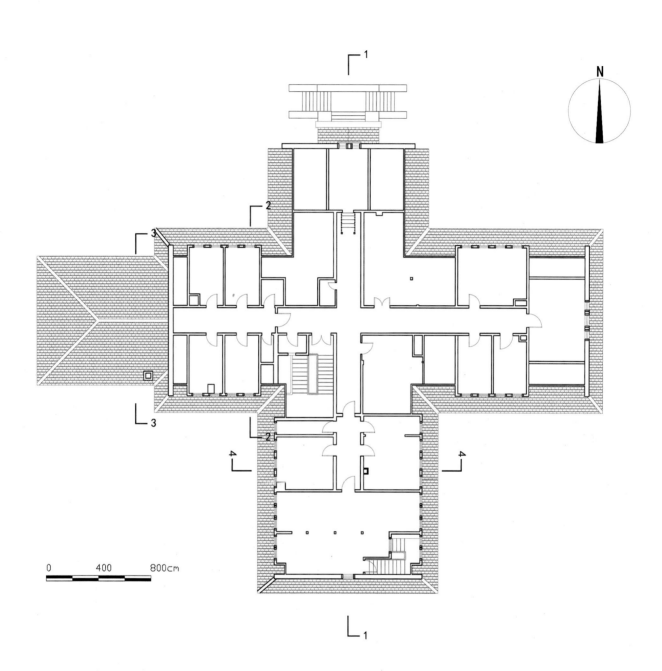

十字楼阁楼平面图

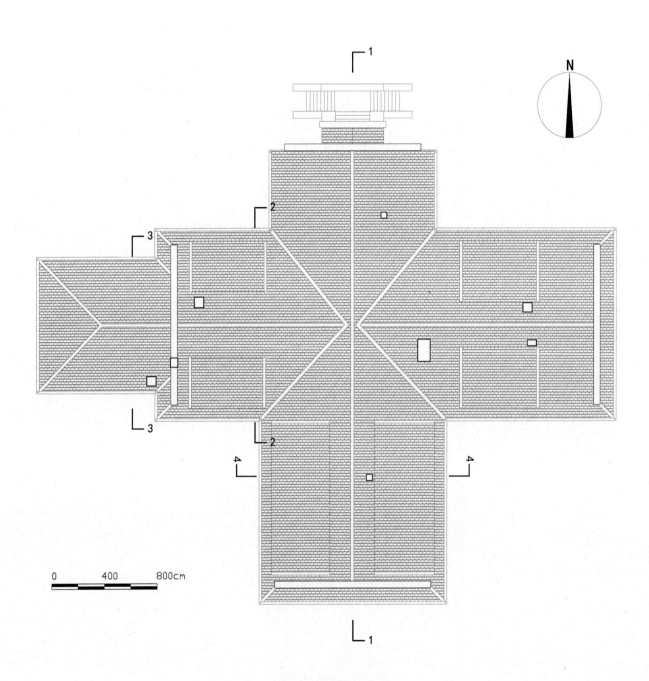

十字楼屋面俯视图

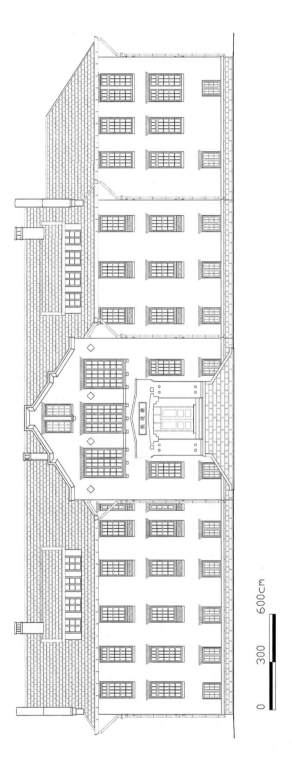

十字楼北立面图

600cm

300

0

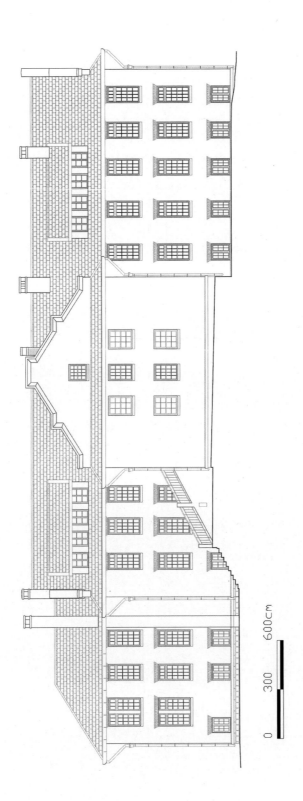

十字楼南立面图

0 300 600cm

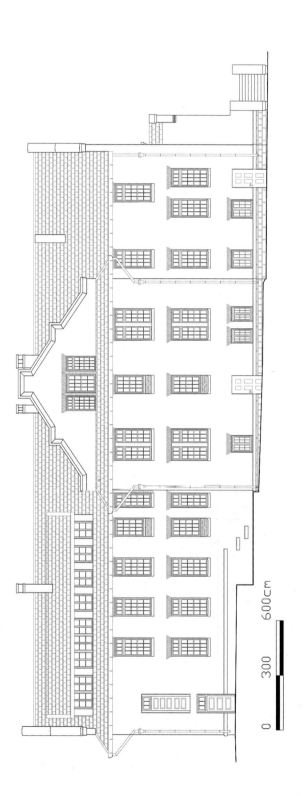

十字楼东立面图

600cm

300

0

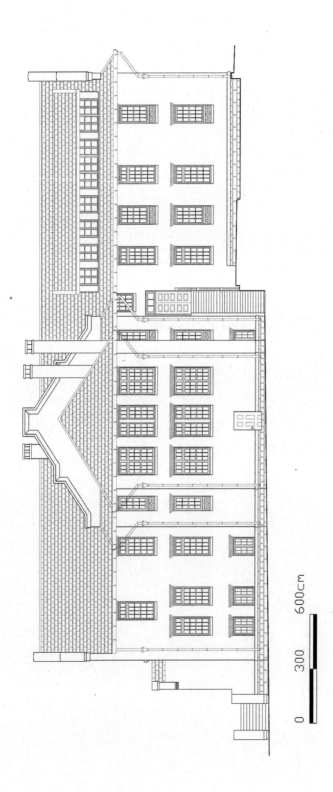

十字楼西立面图

600cm

300

0

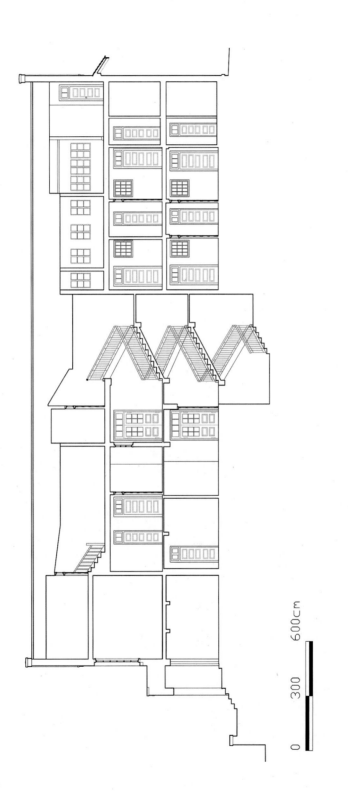

十字楼 1-1 剖面图

600cm

300

0

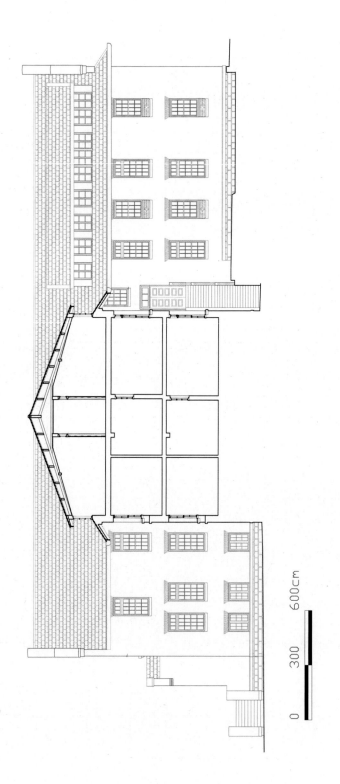

十字楼 2-2 剖面图

600cm

300

0

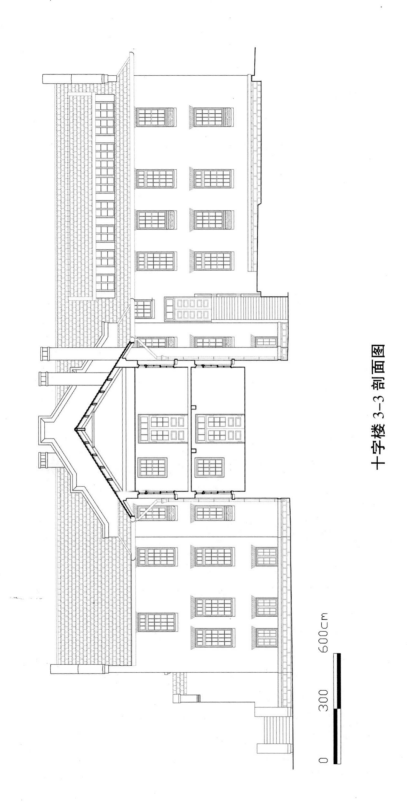

十字楼 3-3 剖面图

600cm

300

0

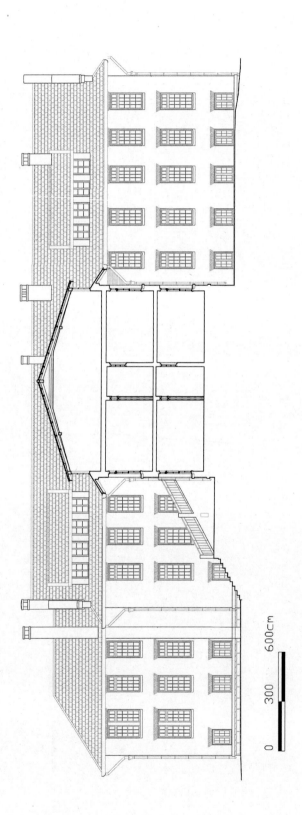

十字楼 4–4 剖面图

0　　300　　600cm

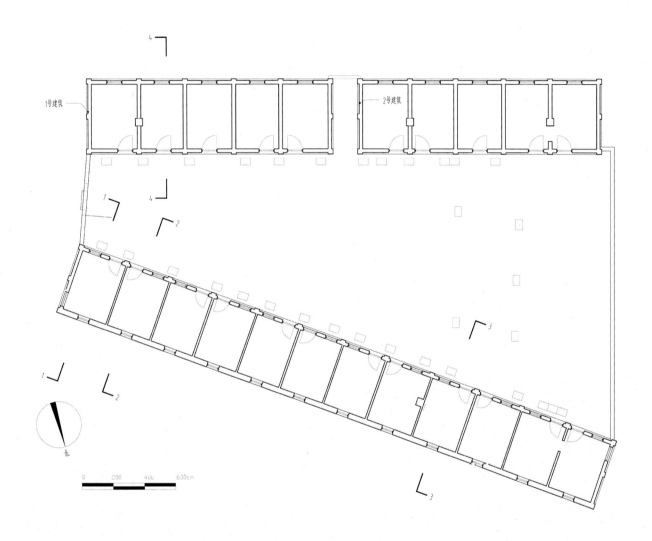

关押房平面图

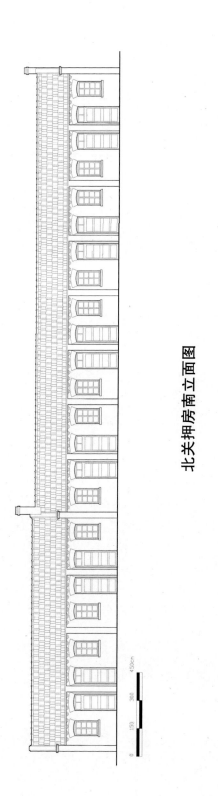

北夹押房南立面图

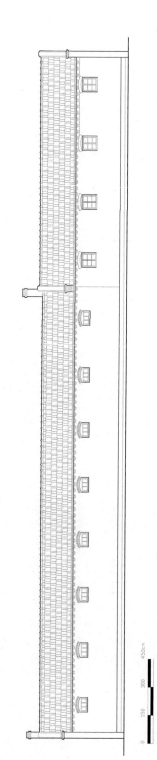

北夹押房北立面图

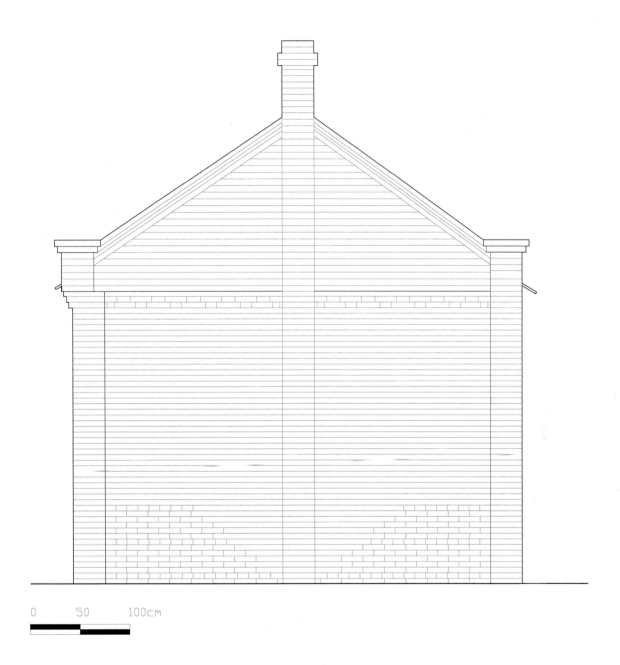

0   50   100cm

北关押房东立面图

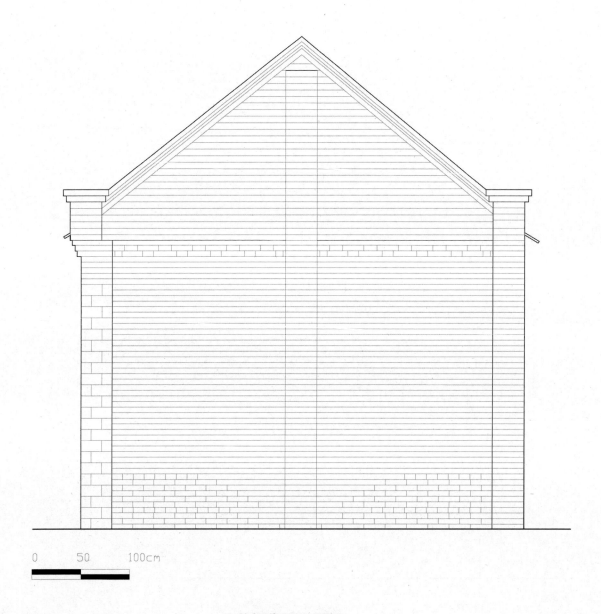

0　　50　　100cm

北关押房西立面图

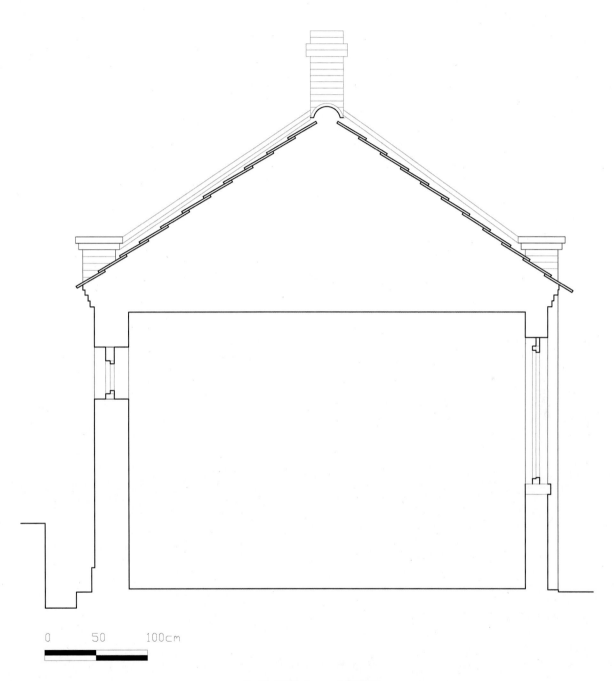

0   50   100cm

北关押房 1-1 剖面图

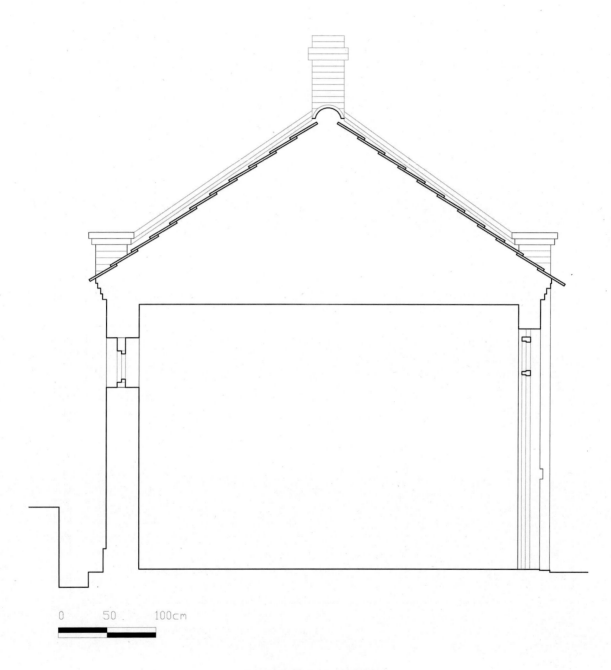

0 50 100cm

北关押房 2-2 剖面图

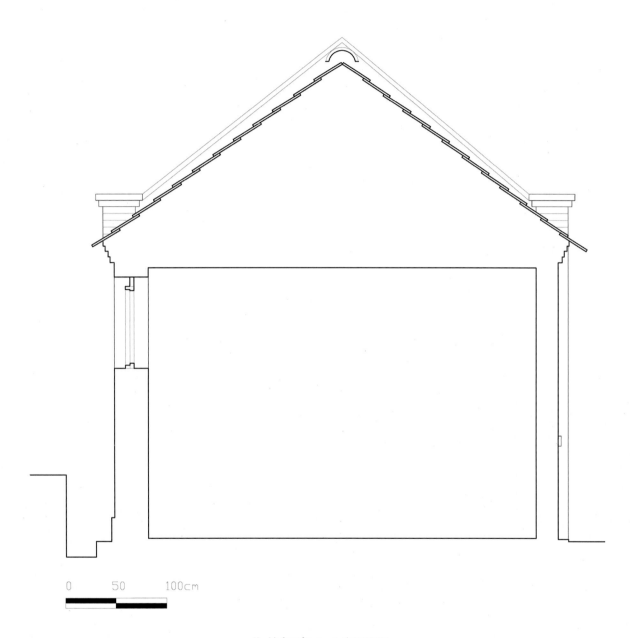

0   50   100cm

北关押房 3-3 剖面图

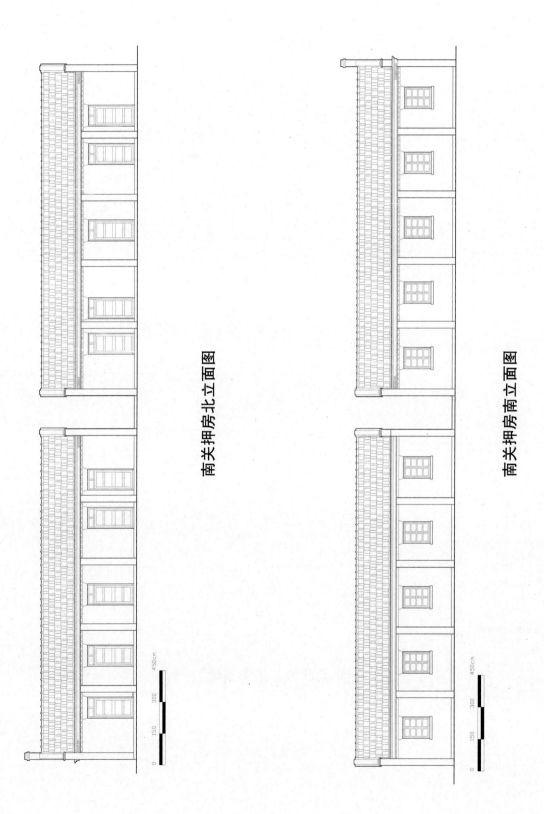

南关押房北立面图

南关押房南立面图

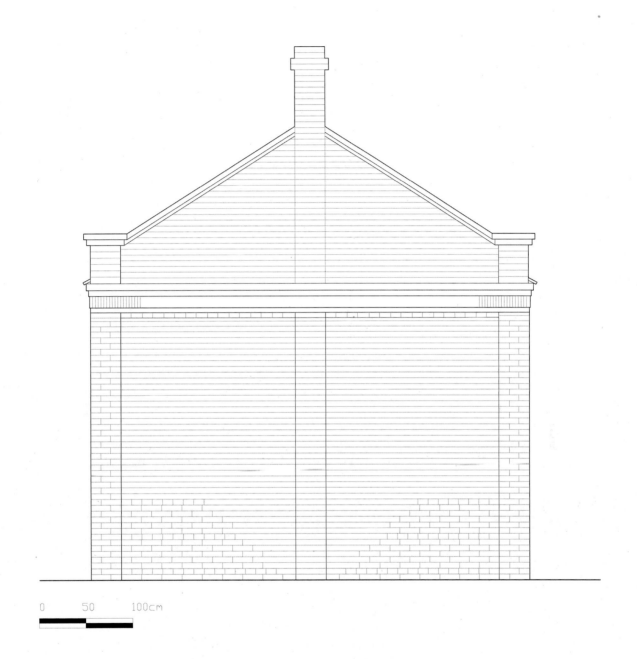

0   50   100cm

南关押房 1 号建筑东立面图

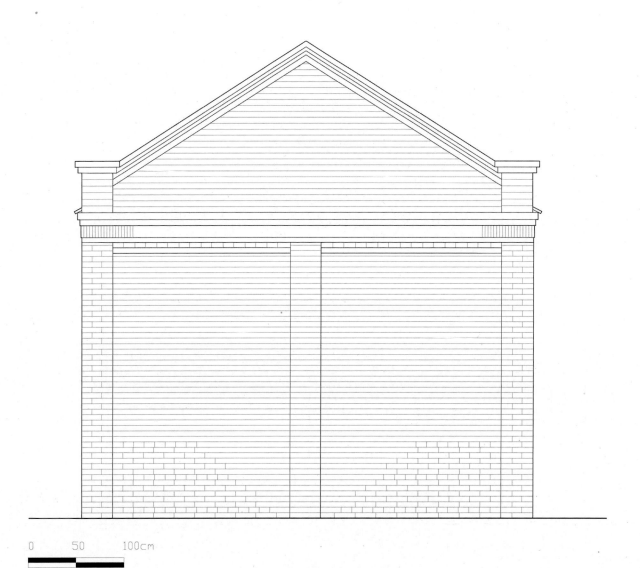

0   50   100cm

南关押房 1 号建筑西立面图

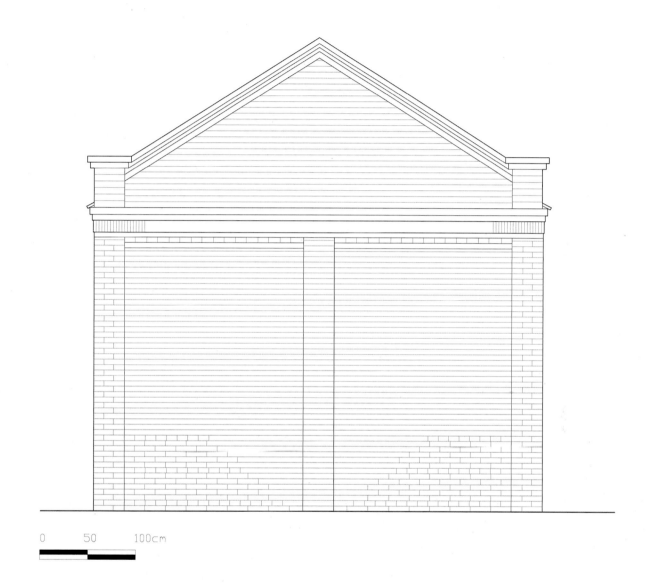

0　　50　　100cm

南关押房 2 号建筑东立面图

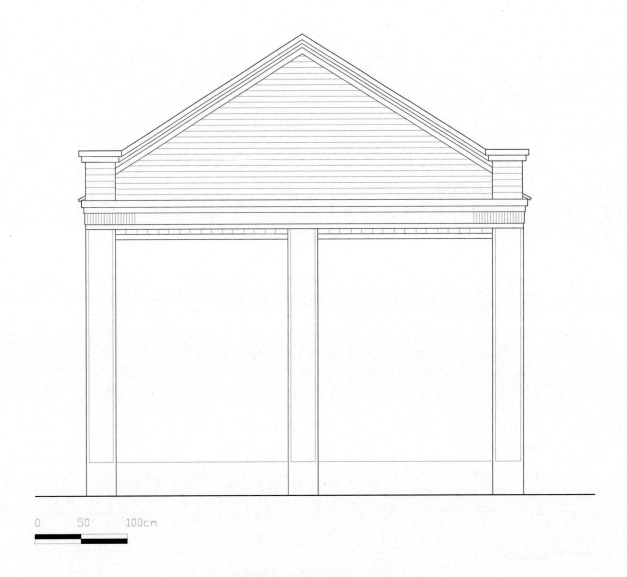

0   50   100cm

南关押房 2 号建筑西立面图

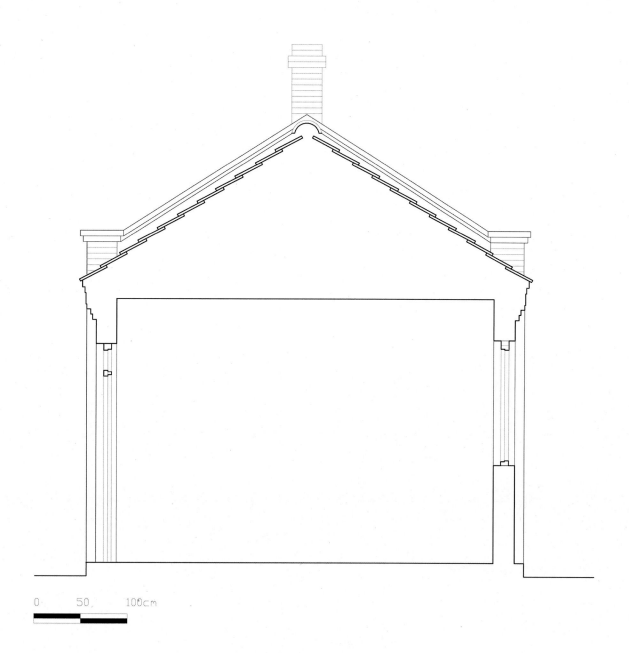

0   50   100cm

南关押房 4-4 剖面图

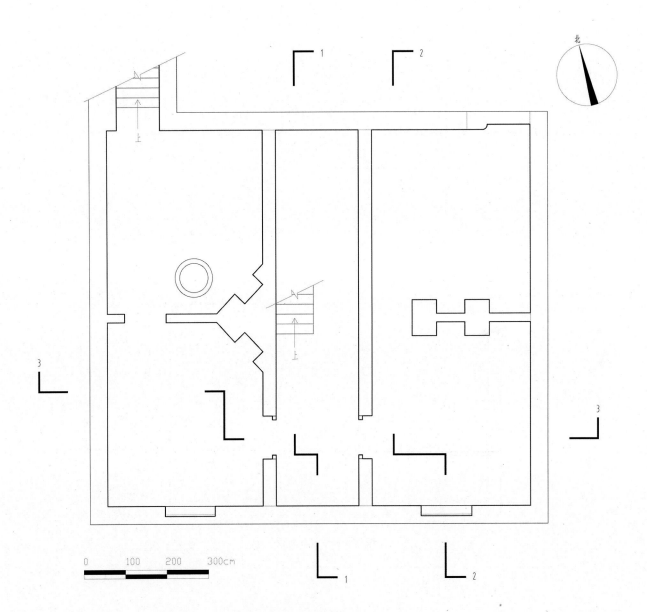

专家 1 号楼地下室平面图

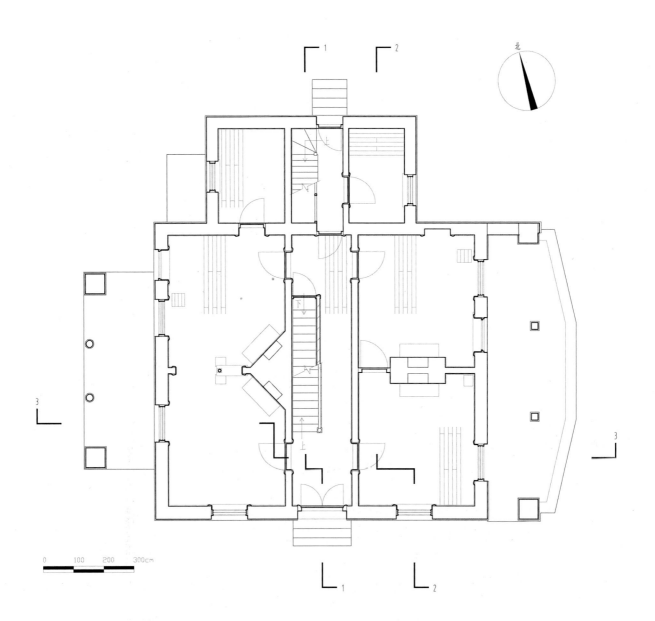

专家1号楼一层平面图

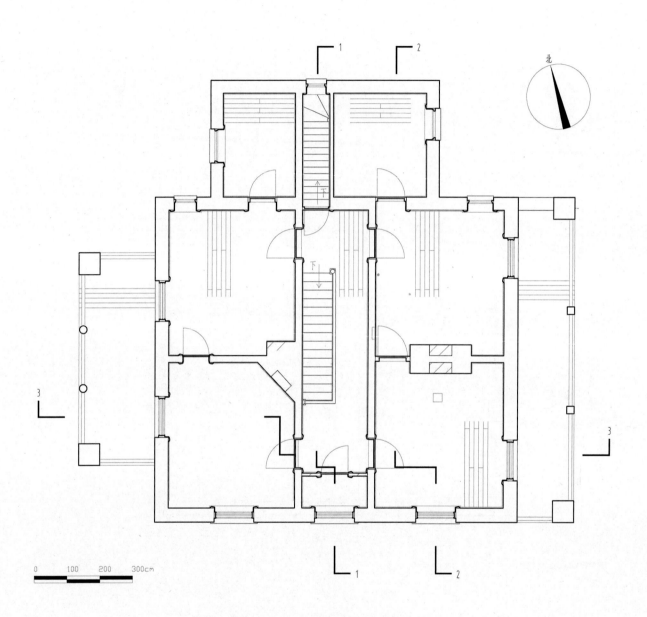

专家 1 号楼二层平面图

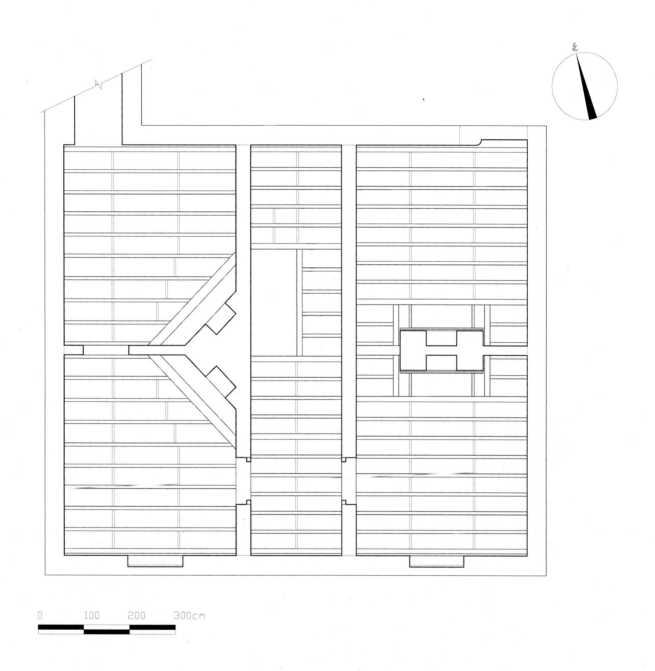

北

0   100   200   300cm

专家1号楼一层楼板梁架仰视图

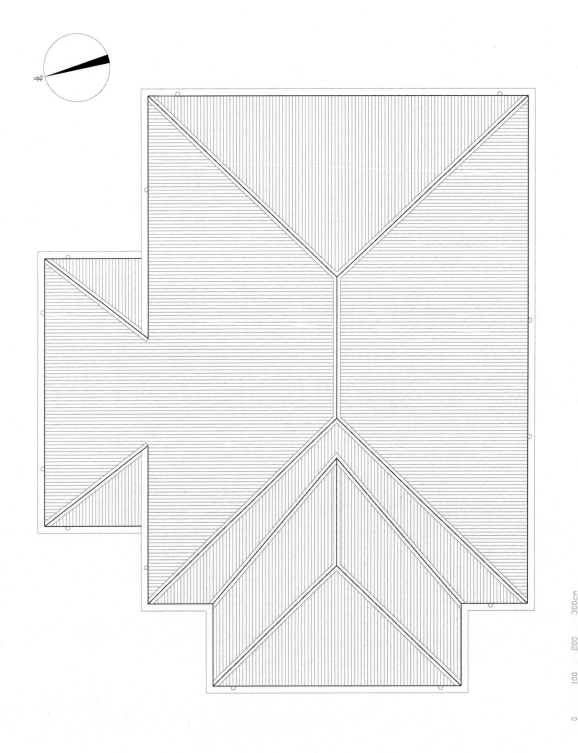

专家 1 号楼屋面俯视图

北

300cm

200

100

0

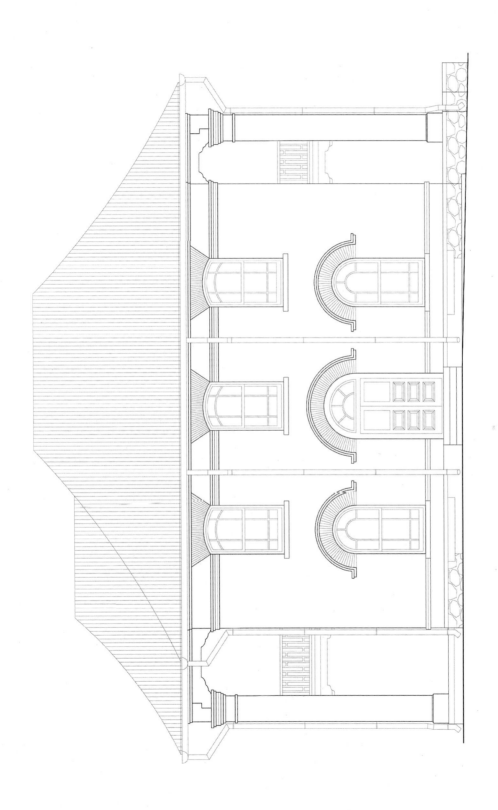

专家 1 号楼南立面图

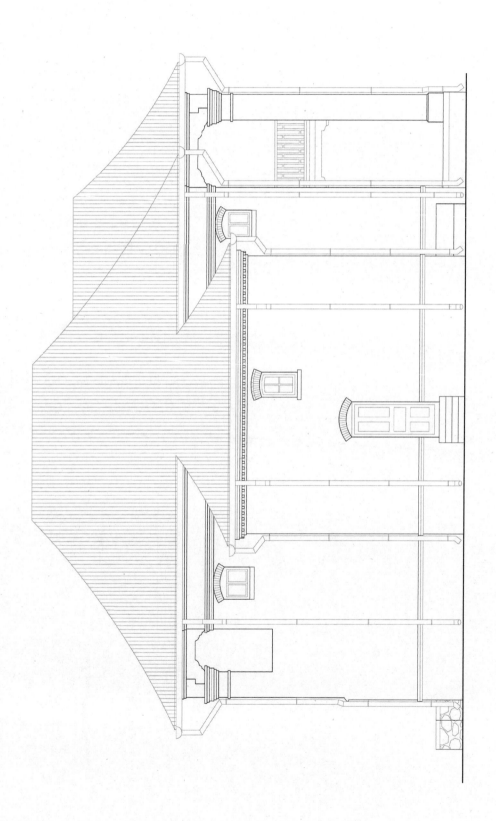

专家 1 号楼北立面图

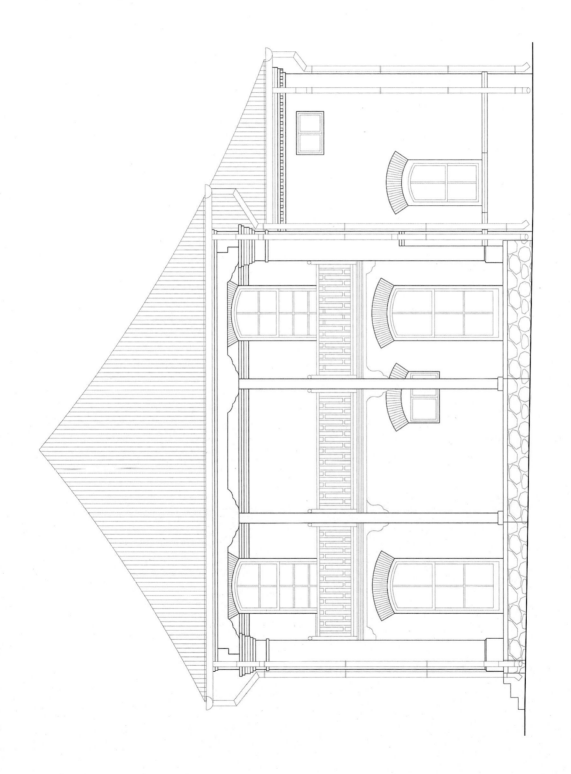

专家 1 号楼东立面图

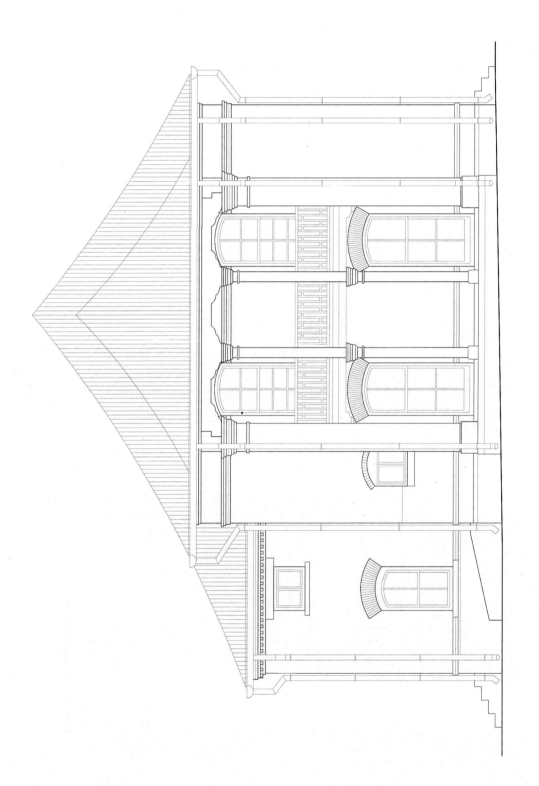

专家 1 号楼西立面图

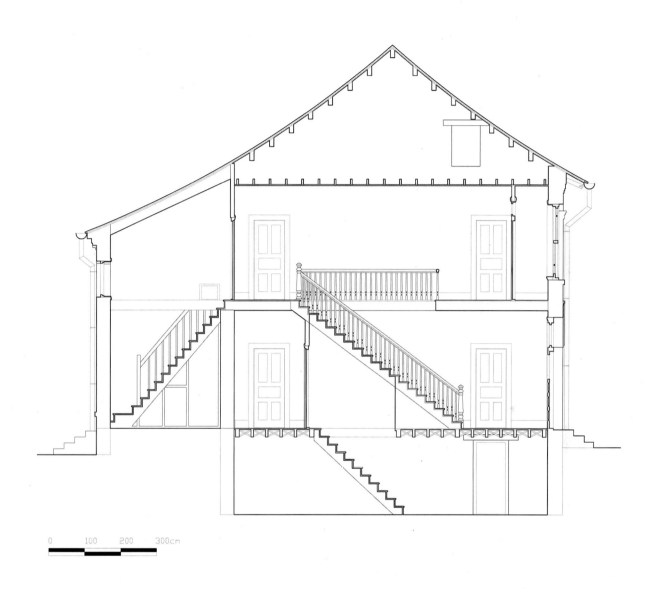

0   100   200   300cm

专家 1 号楼 1-1 剖面图

专家 1 号楼 2-2 剖面图

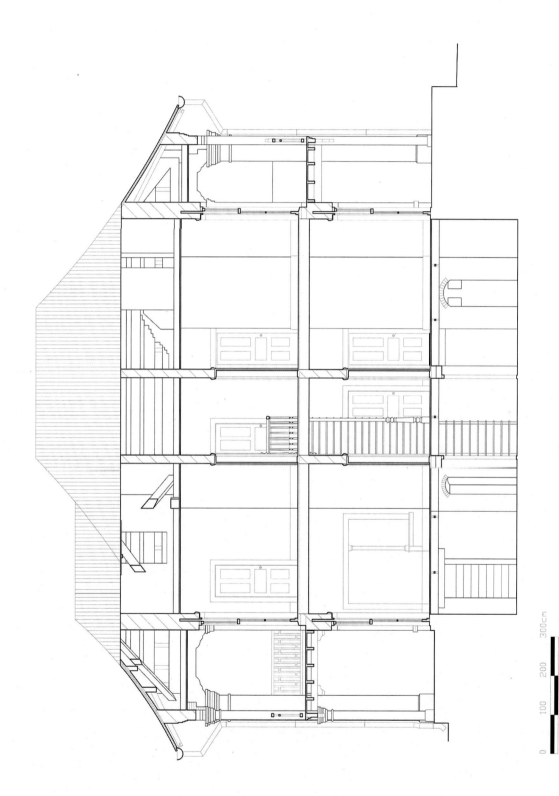

专家 1 号楼 3-3 剖面图

300cm

200

100

0

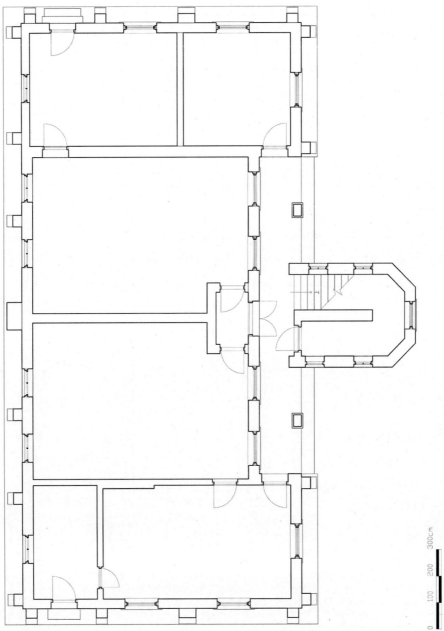

专家 2 号楼一层平面图

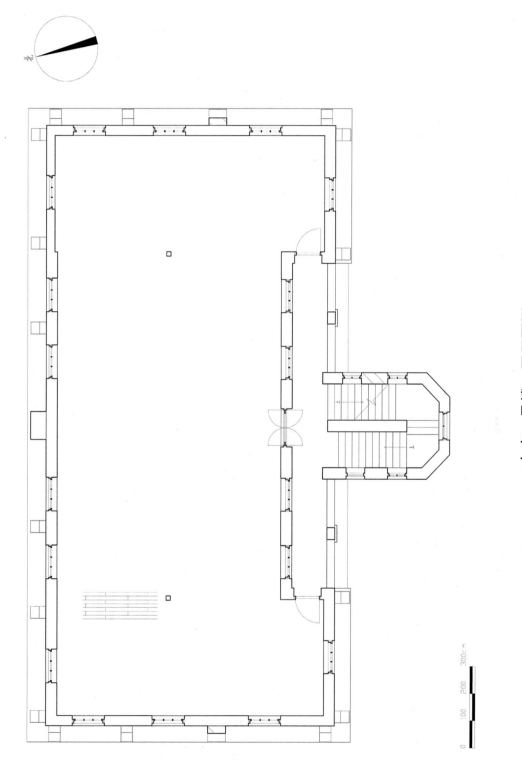

北

专家 2 号楼二层平面图

0 100 200 300cm

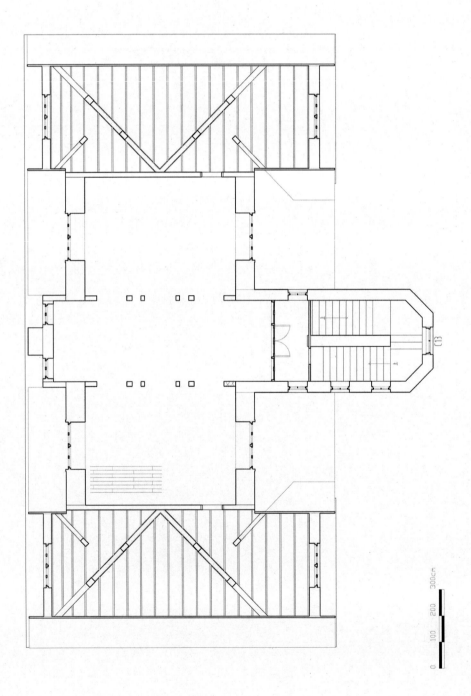

专家 2 号楼阁楼平面图

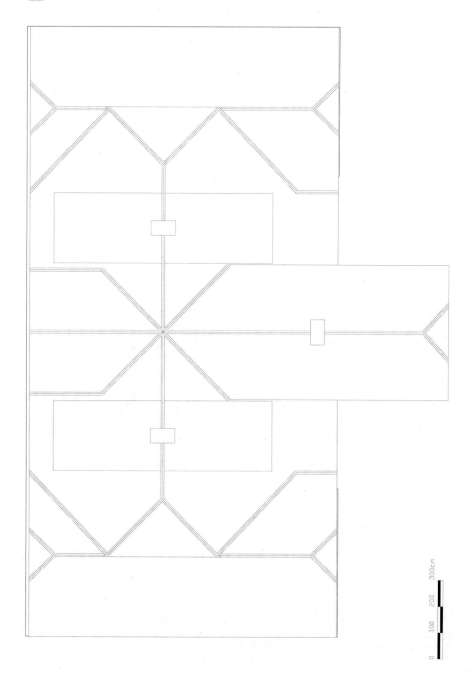

专家 2 号楼屋面俯视图

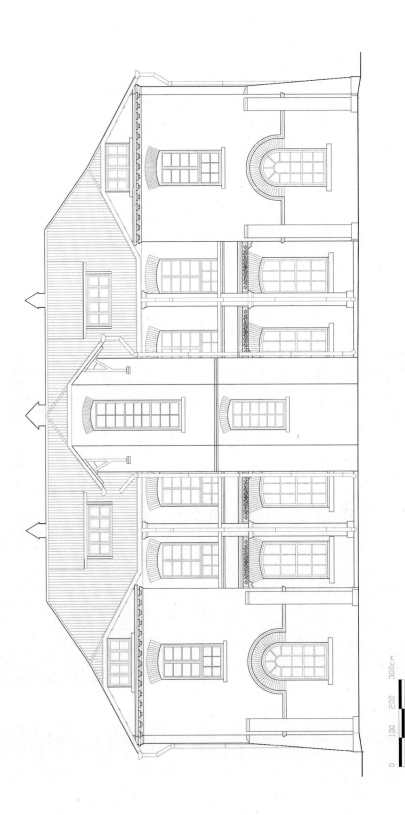

专家 2 号楼南立面图

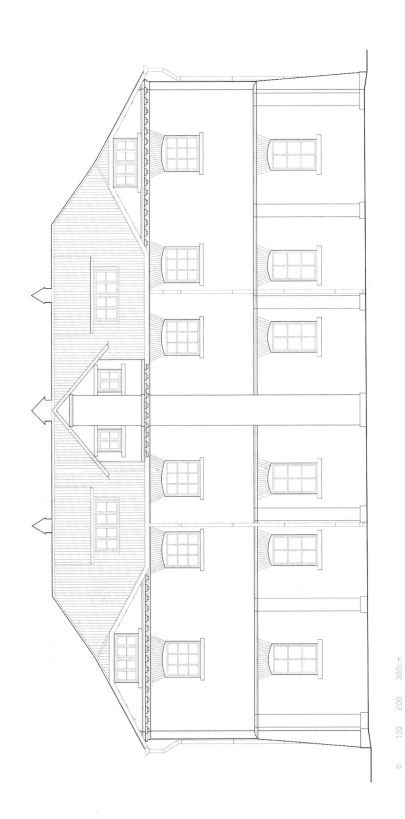

专家 2 号楼北立面图

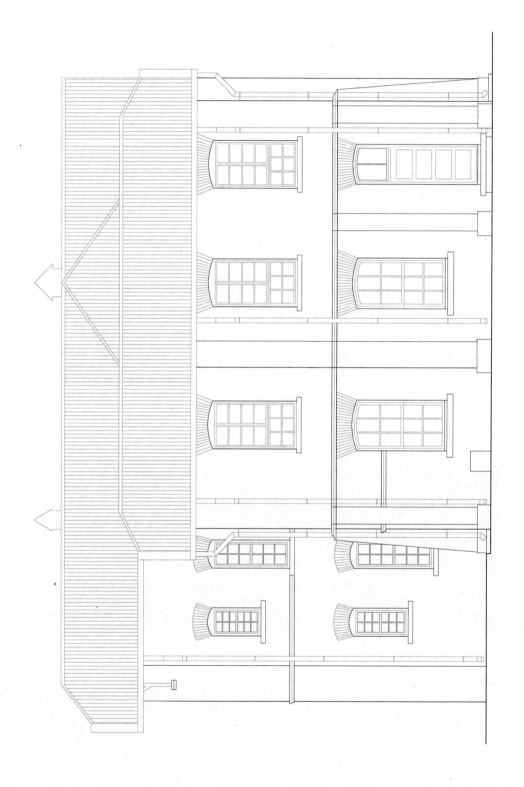

专家 2 号楼东立面图

0 100 200 300cm

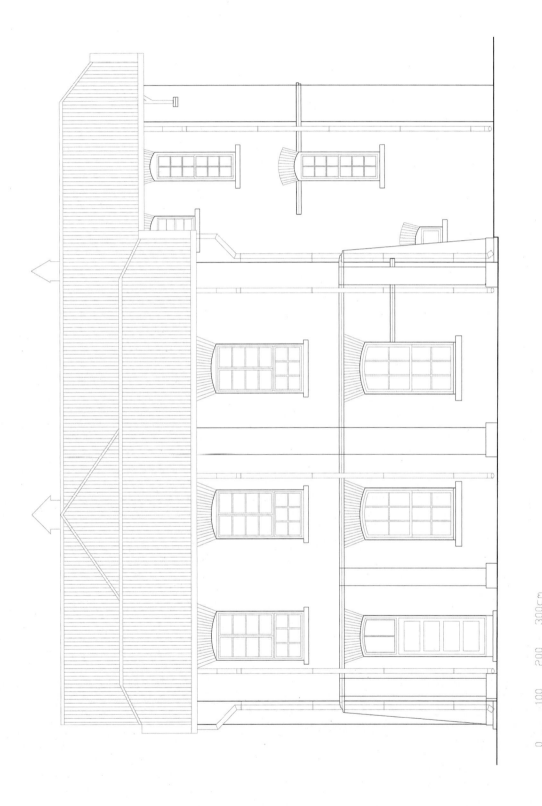

专家 2 号楼西立面图

300cm

200

100

0

专家 2 号楼 1-1 剖面图

0   100   200   300cm

专家 2 号楼 2-2 剖面图

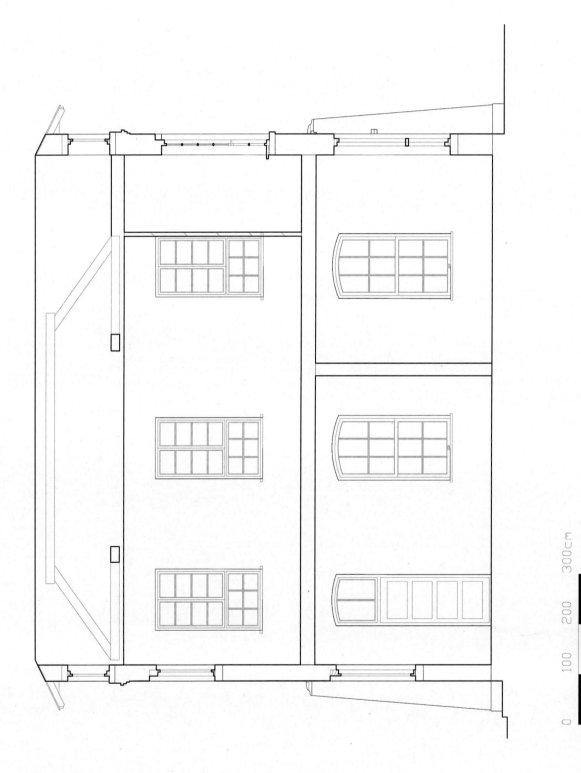

专家 2 号楼 3-3 剖面图

300cm

200

100

0

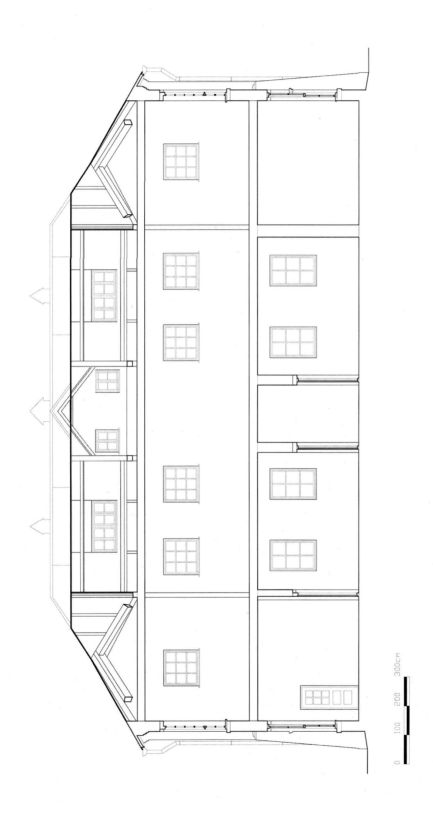

专家 2 号楼 4-4 剖面图

0　100　200　300cm

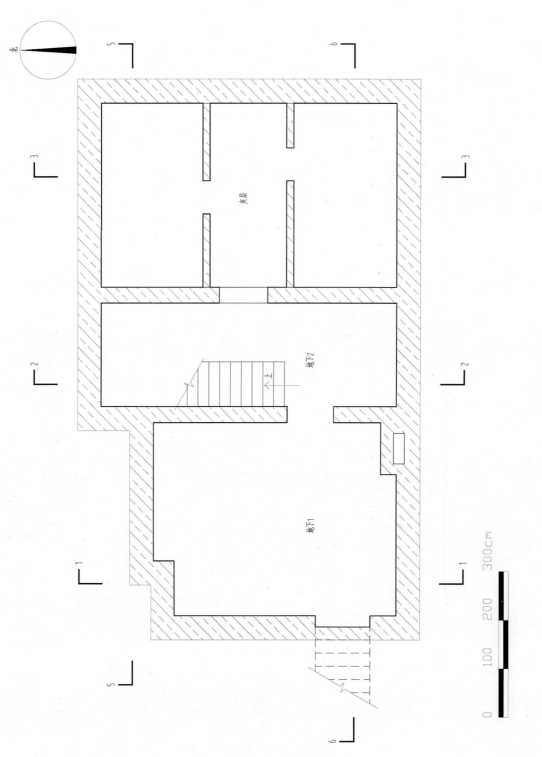

文美楼地下室平面图

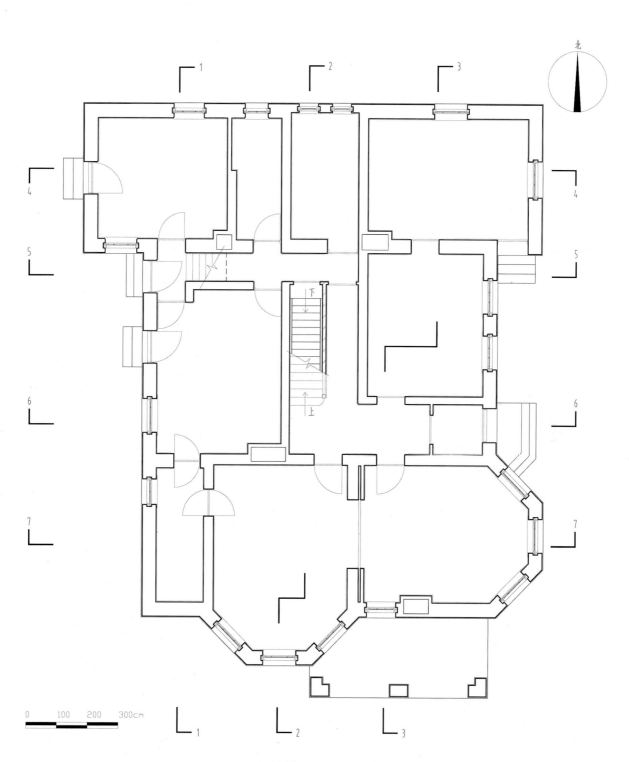

北

0 100 200 300cm

文美楼一层平面图

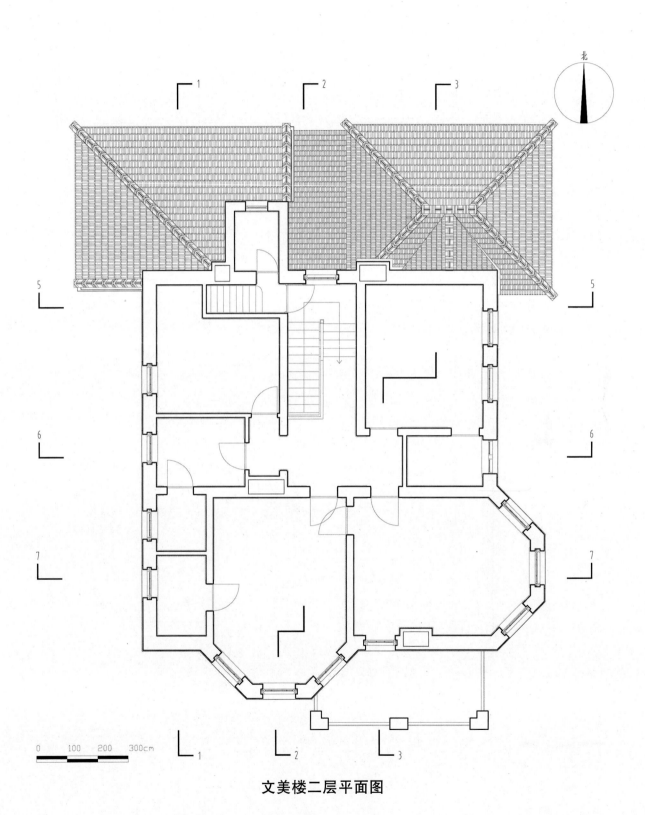

文美楼二层平面图

北

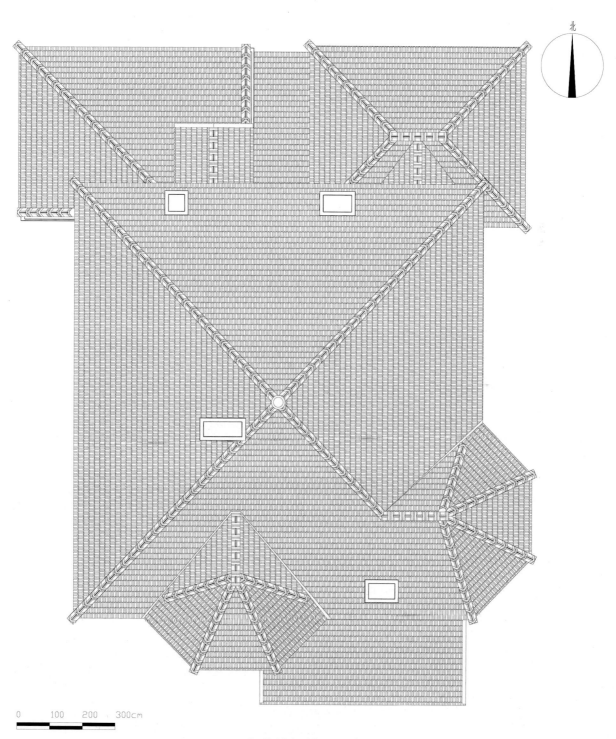

0　100　200　300cm

文美楼阁楼平面图

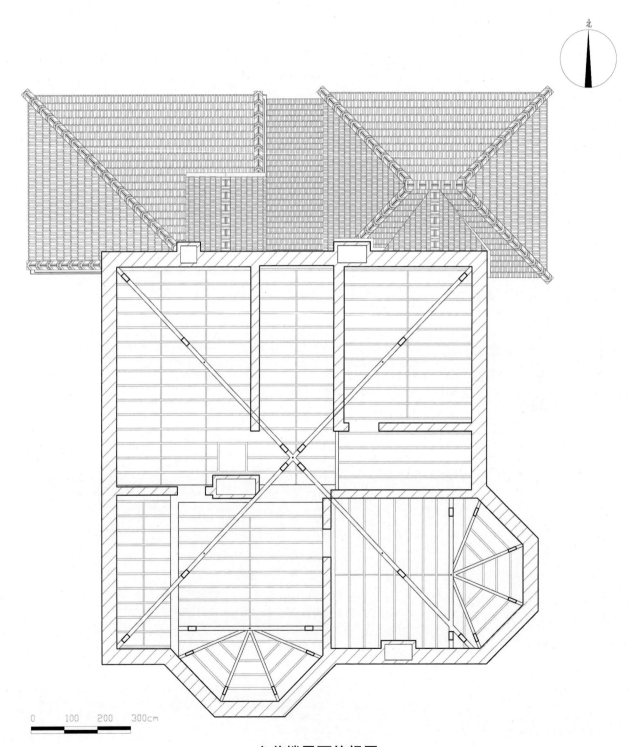

北

文美楼屋面俯视图

0　100　200　300cm

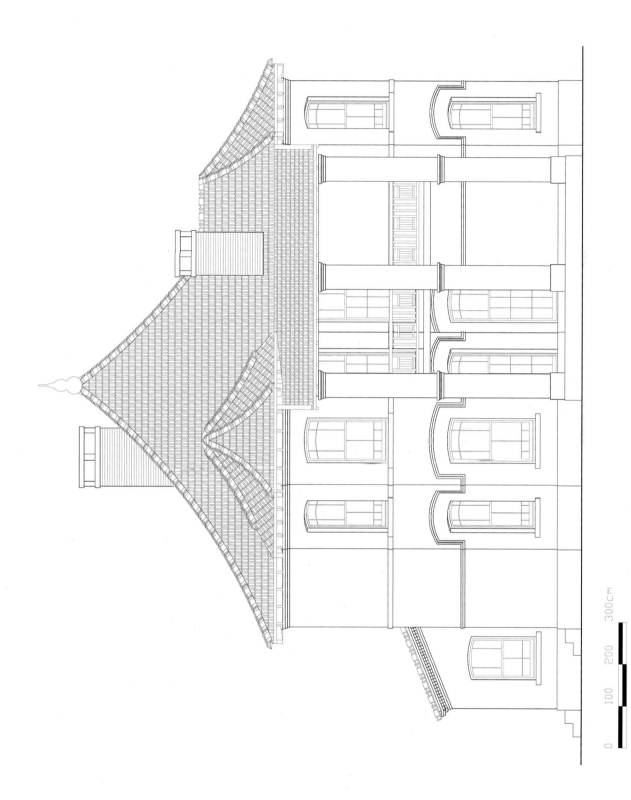

文美楼南立面图

300cm

200

100

0

文美楼北立面图

0　100　200　300cm

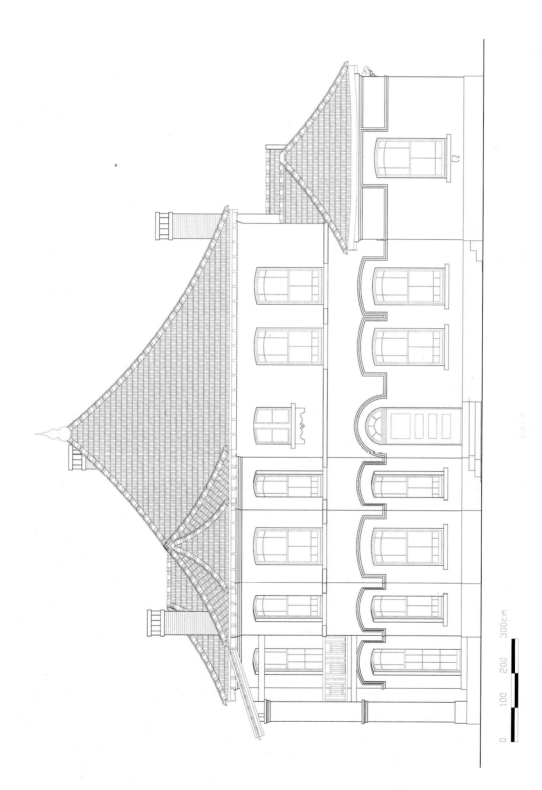

文美楼东立面图

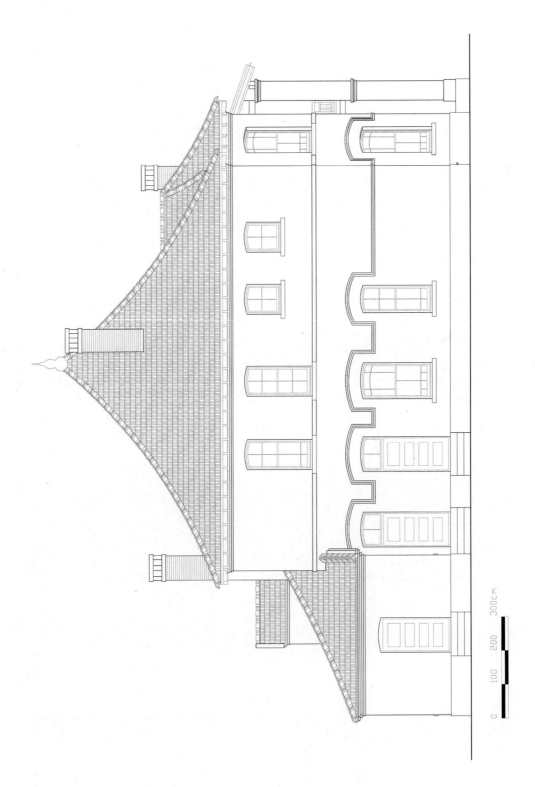

文美楼西立面图

0　100　200　300cm

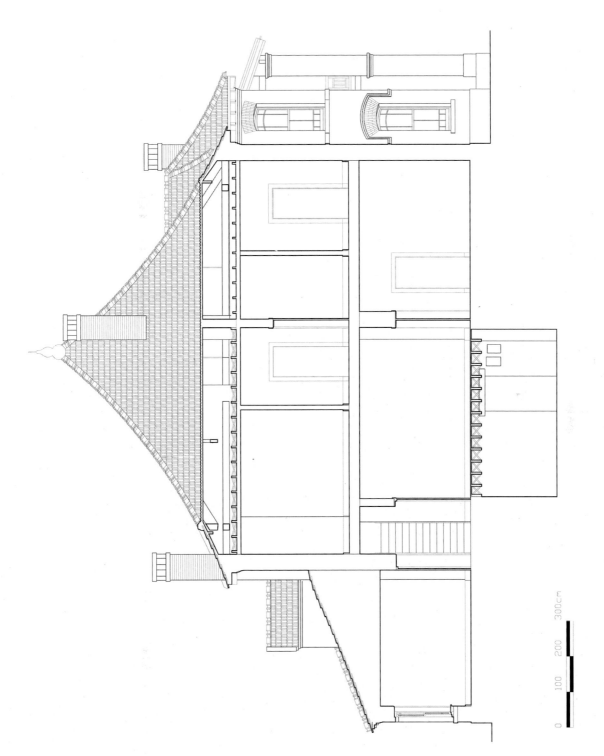

文美楼 1-1 剖面图

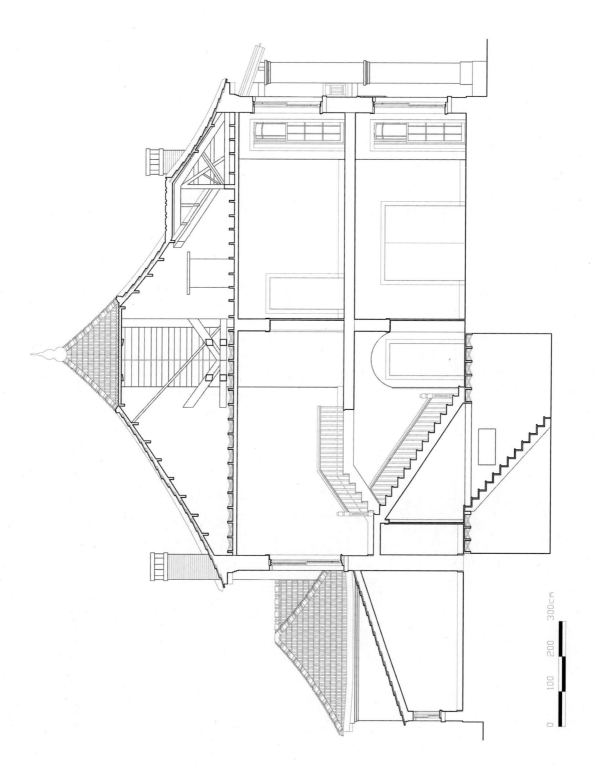

文美楼 2-2 剖面图

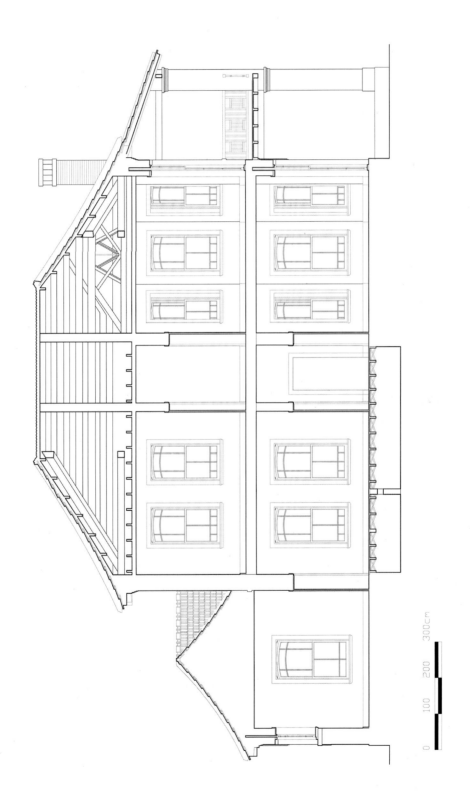

文美楼 3-3 剖面图

300cm

200

100

0

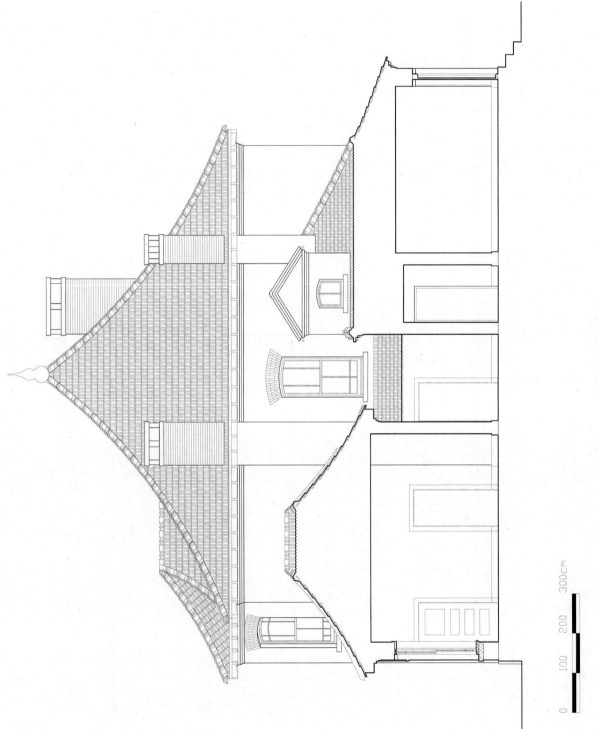

文美楼 4-4 剖面图

300cm

200

100

0

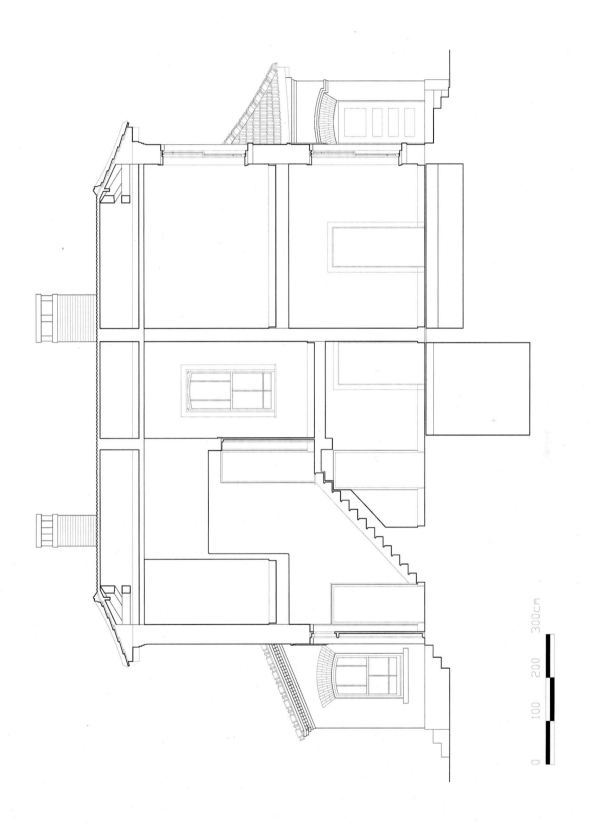

文美楼 5-5 剖面图

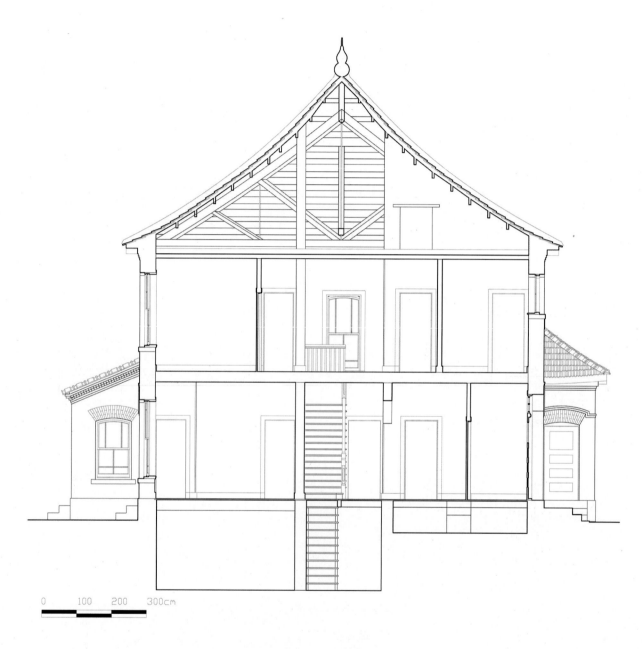

文美楼 6-6 剖面图

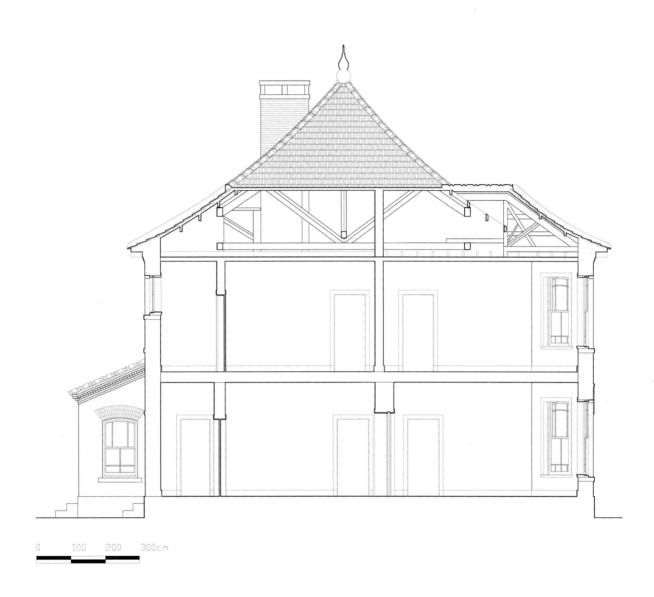

文美楼 7-7 剖面图

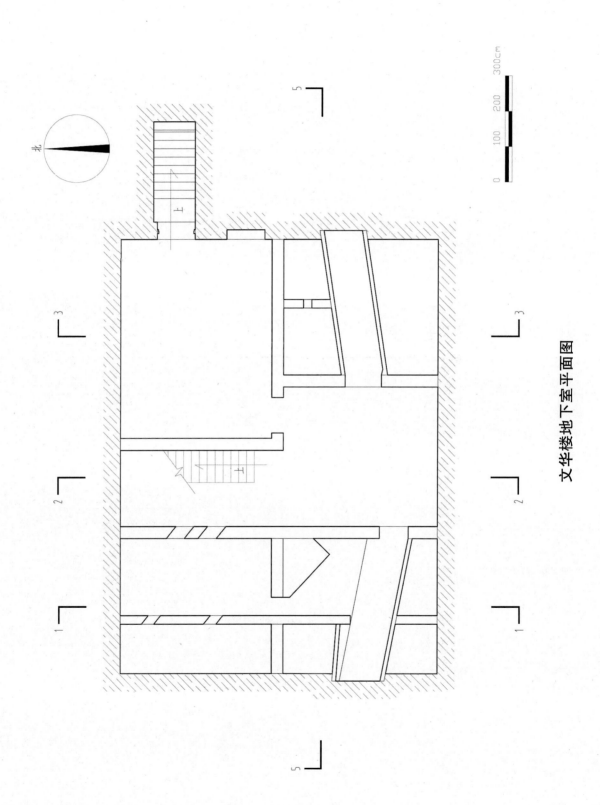

文华楼地下室平面图

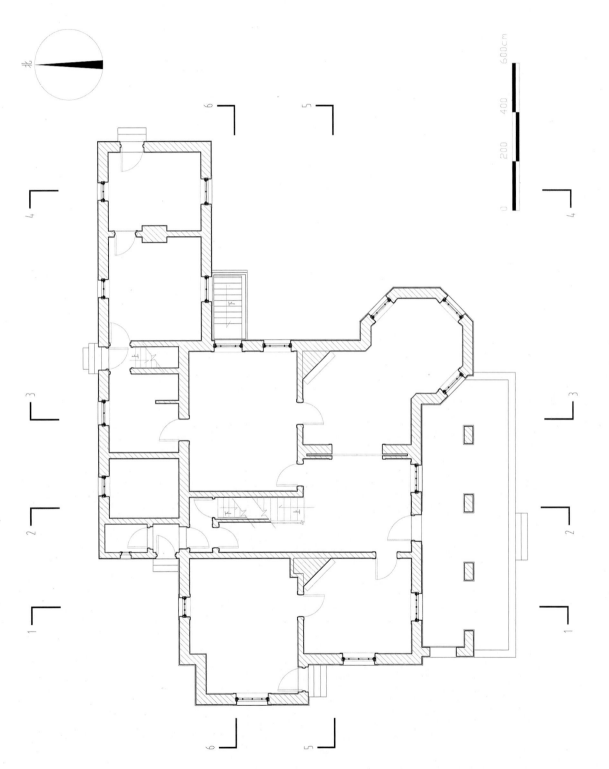

文华楼一层平面图

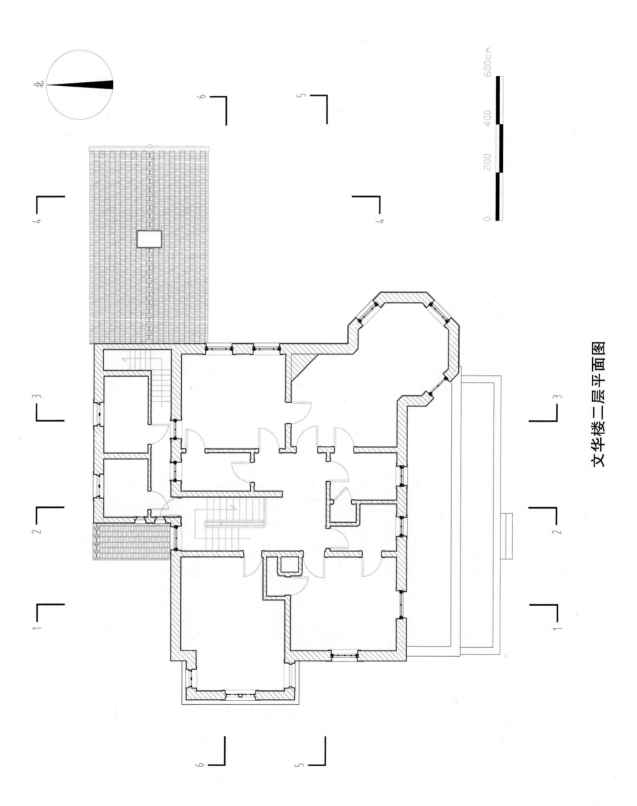

文华楼二层平面图

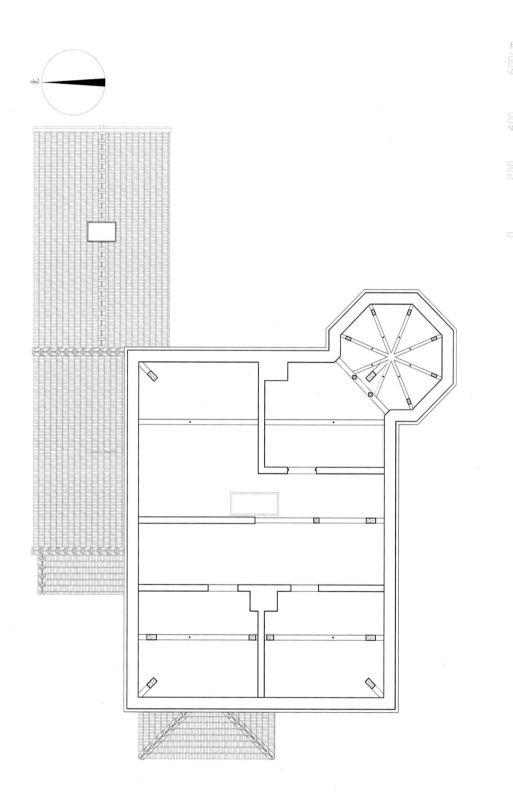

文华楼阁楼平面图

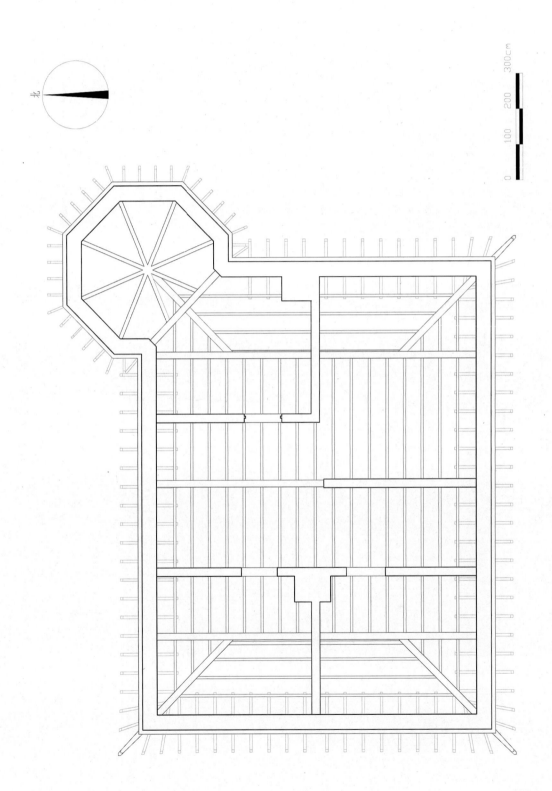

北

0　100　200　300cm

文华楼梁架仰视图

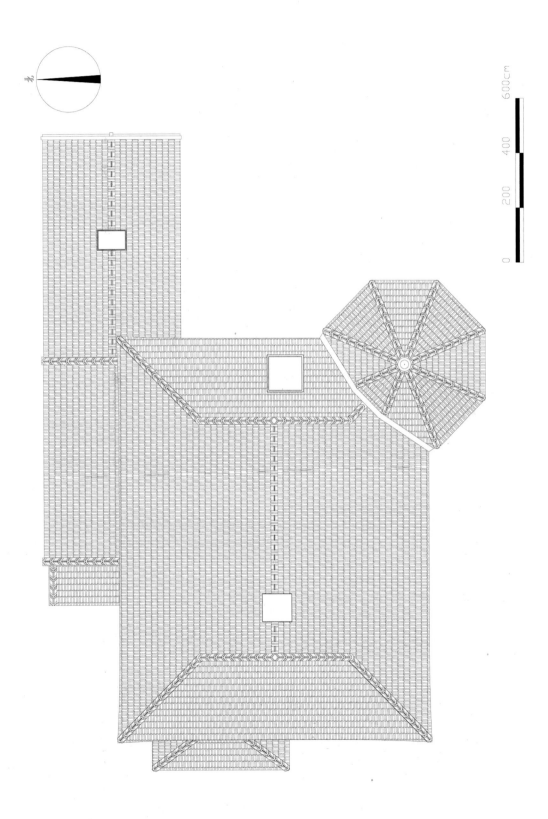

文华楼屋面俯视图

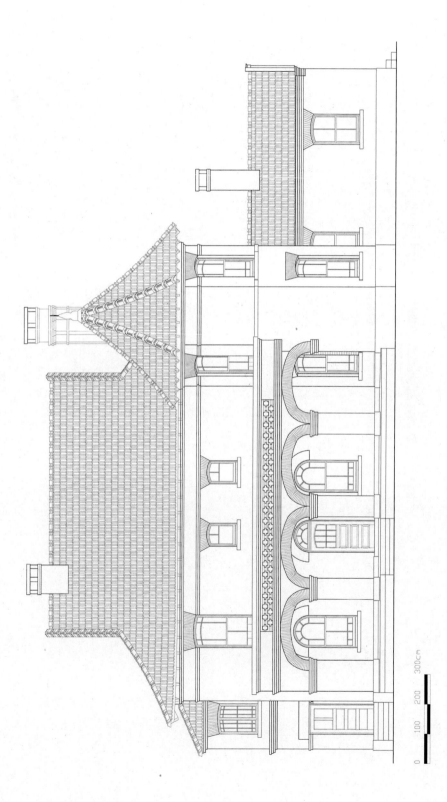

文华楼南立面图

0　100　200　300cm

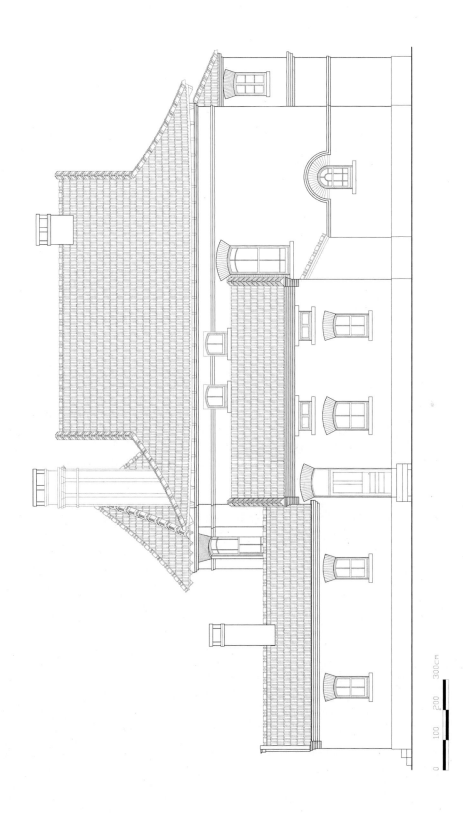

文华楼北立面图

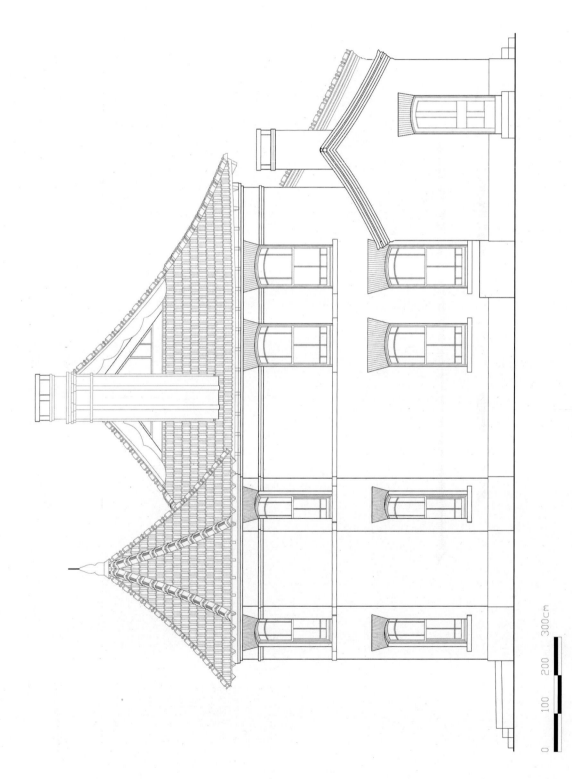

文华楼东立面图

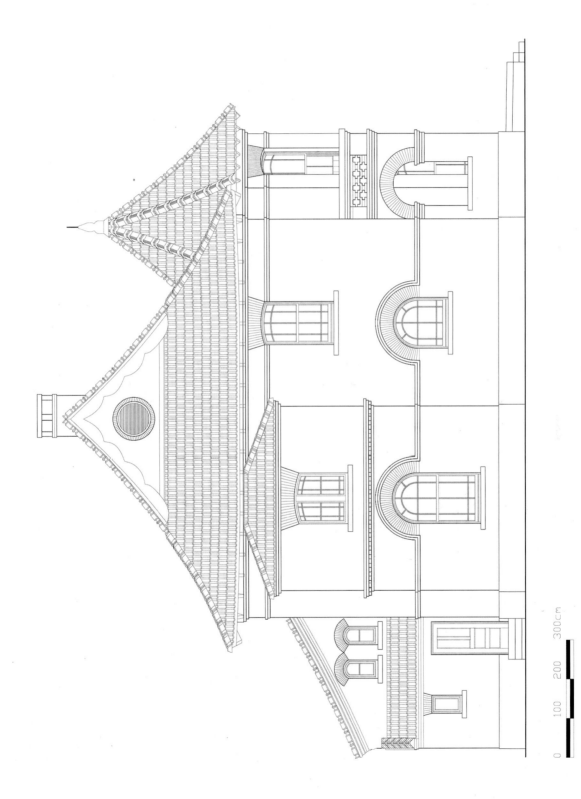

文华楼西立面图

0   100   200   300cm

文华楼 1-1 剖面图

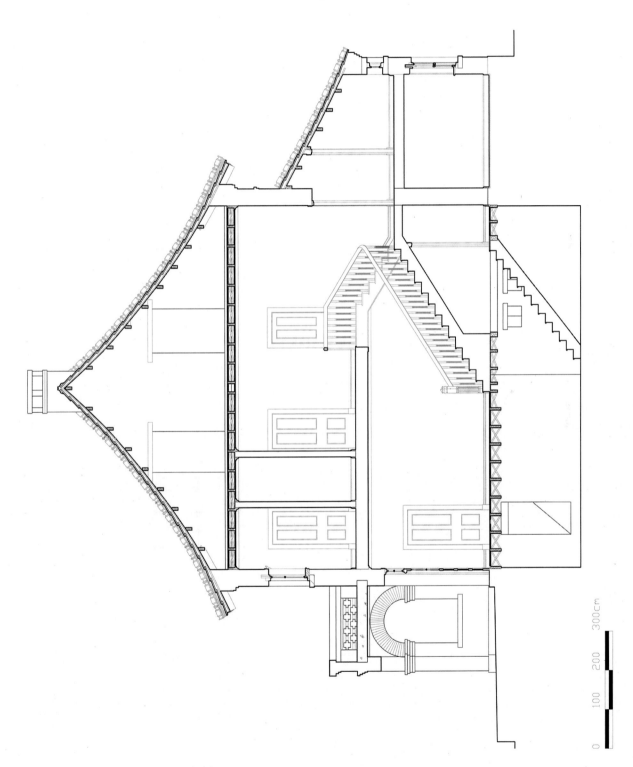

文华楼 2-2 剖面图

300cm

200

100

0

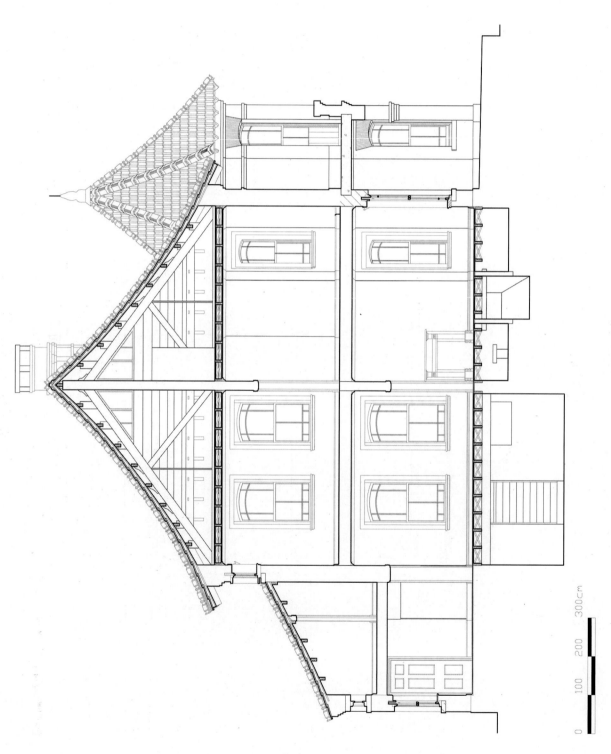

文华楼 3-3 剖面图

0   100   200   300cm

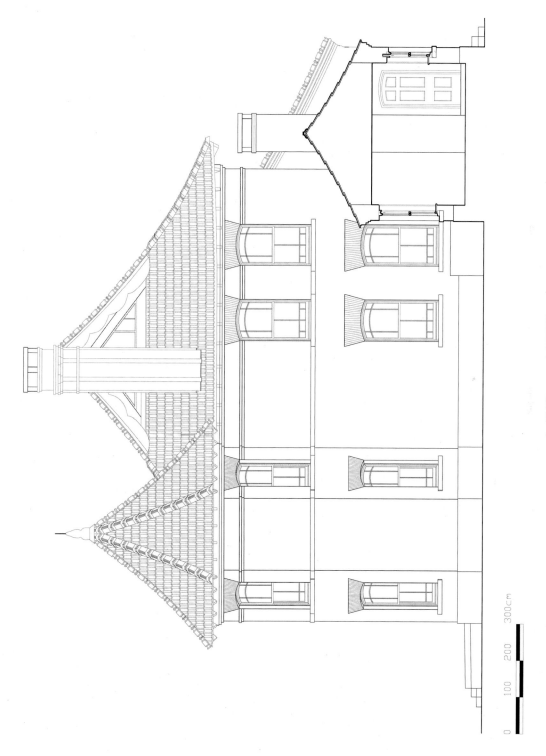

文华楼 4-4 剖面图

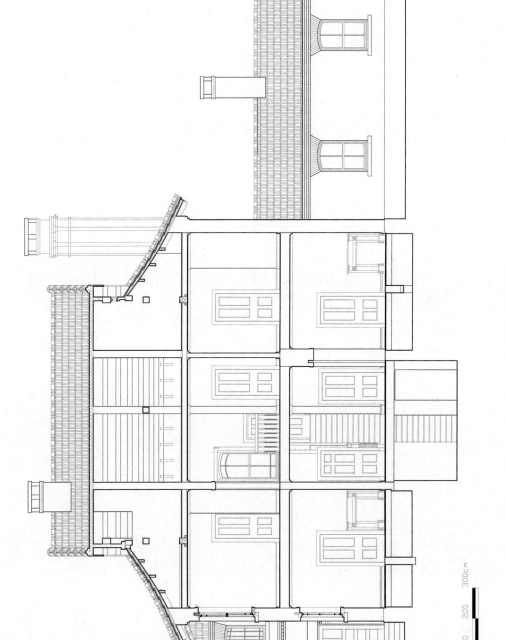

文华楼 5-5 剖面图

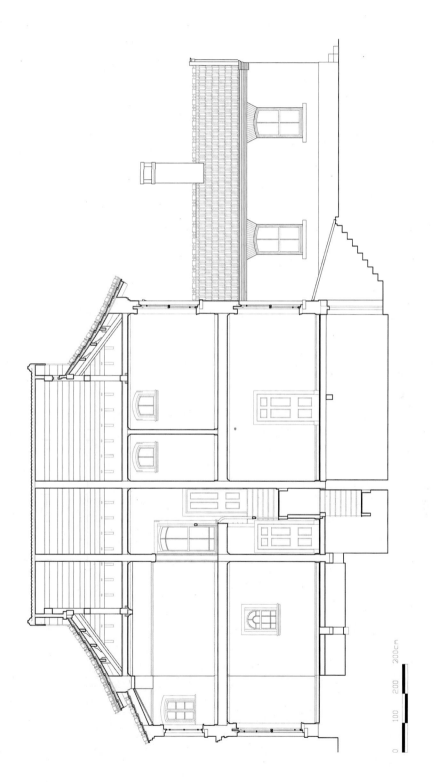

文华楼 6-6 剖面图

300cm

200

100

0

附录三　全国爱国主义教育示范基地

1996 年 11 月,国家教委、民政部、文化部、国家文物局、共青团中央、解放军总政治部决定命名和向全国中小学推荐百个爱国主义教育基地。

1997 年 7 月,中宣部向社会公布了首批百个爱国主义教育示范基地,其中 19 个以反映中华民族悠久历史文化为主要内容,9 个以反映近代中国遭受帝国主义侵略和我国人民反抗侵略、英勇斗争为主要内容,75 个以反映现代我国人民革命斗争和社会主义建设时期为主要内容。

2001 年 6 月 11 日,中宣部公布了以反映党的光辉历史为主要内容的第二批百个爱国主义教育示范基地。

2005 年 11 月 20 日,中宣部公布了第三批 66 个全国爱国主义教育示范基地名单。

2009 年 5 月,中宣部公布第四批 87 个全国爱国主义教育示范基地。

2017 年 3 月,中宣部公布了第五批 41 个全国爱国主义教育示范基地。

2019 年 9 月,在新中国成立 70 周年之际,中宣部新命名 39 个全国爱国主义教育示范基地,其中包含潍县乐道院暨西方侨民集中营旧址。

2021 年 6 月 19 日,在庆祝中国共产党成立 100 周年之际,中宣部新命名 111 个全国爱国主义教育示范基地。

第六批全国爱国主义教育示范基地名单(39个)

北京
铁道兵纪念馆
中国法院博物馆
中国海关博物馆
中国妇女儿童博物馆
中国华侨历史博物馆
宋庆龄同志故居
北京新文化运动纪念馆
北京正负电子对撞机实验室
中国印刷博物馆
北京李大钊故居
没有共产党就没有新中国纪念馆
河北
沙石峪陈列馆
山西
右玉精神展览馆
黑龙江
齐齐哈尔江桥抗战纪念地
江苏
审计博物馆
扬州博物馆
南京长江大桥
国家超级计算无锡中心
浙江
秦山核电站
福建
谷文昌纪念馆
江西
余江血防纪念馆

景德镇市中国陶瓷文化展示基地
山东
潍县乐道院暨西方侨民集中营旧址
河南
中国文字博物馆
八路军驻洛办事处纪念馆
王大湾会议会址纪念馆
愚公移山精神展览馆
湖北
三峡工程
湖南
杨开慧故居
林伯渠故居
广东
三河坝战役烈士纪念碑
广西
广西民族博物馆
合浦县博物馆
冯子材旧居
重庆
重庆三峡移民纪念馆
贵州
六盘水市贵州三线建设博物馆
中国科学院国家天文台 FAST 观测基地
云南
周保中将军纪念馆
宁夏
"三北"防护林工程·中国防沙治沙博物馆

附录四　国际和平城市

国际和平城市是指在特定的城市行政区内,继承城市的和平传统,倡导和平与和解,联合政府、高校、社会团体和城市市民,以和平为城市发展理念,融合历史、记忆、遗迹中的和平元素,通过和平维护、和平创建、和平构建的途径,实现多维度的和平项目创建,全面提升城市发展并推动国际和平的一种城市形态。国际和平城市协会是全球唯一得到联合国正式认可的和平城市协会,由六大洲 60 多个国家和地区的 300 多个和平城市构成。

截至目前,国内共有国际和平城市 3 座,分别是南京市、芷江侗族自治县和潍坊市。

南京市,江苏省辖地级市,简称"宁",古称金陵、建康,是江苏省省会、副省级市、特大城市、南京都市圈核心城市,国务院批复确定的中国东部地区重要的中心城市、全国重要的科研教育基地和综合交通枢纽。2017 年 9 月 4 日,国际和平城市协会通过视频向全球公告,南京市成为全球第 169 座国际和平城市。南京是中国首个加入该协会的城市。

芷江侗族自治县,隶属湖南省怀化市。芷江是省级历史文化名城,也是一座驰名中外的和平名城。1945 年 8 月 21 日,抗日战争胜利受降在芷江举行,芷江因此蜚声中外,是全国海峡两岸交流基地、中国华侨国际文化交流基地。2021 年 2 月 3 日,国际和平城市协会向全球公告,中国·湖南怀化芷江获准成为全球第 307 座国际和平城市。芷江成为继江苏南京后中国第二个国际和平城市。

潍坊市,古称潍州、潍县,别称鸢都,是山东省地级市,国务院批复确定的山东省半岛城市群的区域中心城市。2021 年 2 月 3 日,国际和平城市协会公布新一期国际和平市名单,潍坊市成为全球第 308 座国际和平城市。

参考文献

[1]王明德.近代潍县的崛起与区域商贸中心地位的形成[J].潍坊学院学报,2016,16(5):34-39.

[2]赵丽,宋静.中国历史上最早的教会大学:齐鲁大学[J].山东档案,2010(2):69-70.

[3]刘晓玲,张协军.潍县广文大学[J].山东档案,2012(3):60-61.

[4]刘建兰,刘汉波.山东潍县乐道院与当地社会的变迁[J].中国校外教育,2010(8):25.

[5]沈颖.教会学校在山东的发展:从登州蒙养学堂到潍县广文中学[J].齐鲁师范学院学报,2015,30(5):56-60+116.

[6]周晓杰.教会医疗事业与近代山东社会(1860—1937)[D].济南:山东大学,2016.

[7]潍坊市外事与侨务办公室编.潍县集中营[M],北京:中国文史出版社,2017.

[8]山东省潍县私立广文中学编.山东潍县广文中学五十周年纪念特刊[M].广文中学五十周年纪念大会筹备委员会,1933.

[9]吉树春主编.乐道沧桑[M].北京:文物出版社,2022.

[10]《潍坊市人民院志》编纂委员会.潍坊市人民医院院志[M].济南:齐鲁书社,1991.

[11]邓华.乐道院兴衰史[M].北京:团结出版社,2013.

[12]韩同文.广文校谱[M].青岛:青岛师专印刷厂,1993.

[13]张复合.中国近代建筑研究与保护:1-7[M],北京:清华大学出版社,1998-2012.

[14]刘亦师.中国近代建筑史概论[M].北京:商务印书馆,2019.

[15]邓庆坦.中国近、现代建筑历史整合研究论纲[M].北京:中国建筑工业出版社,2008.

[16]淳庆.典型建筑遗产保护技术[M].南京:东南大学出版社,2015.

后 记

多年来，山东省古建筑保护研究院一直处在中国近代建筑保护的前线，先后对潍县西方侨民集中营旧址、齐鲁大学近现代建筑群、万字会济南母院等省内优秀近代建筑进行了一系列的研究、保护工作，积累了一定的经验。

本书在已取得工作成果的基础上，探索潍县西方侨民集中营旧址的保护理念，分享保护经验和收获，希冀能为同行开展文化遗产保护工作提供借鉴，为对乐道院及相似类型的近代建筑感兴趣的读者提供一个较为全面的认识视角。

潍县西方侨民集中营旧址的保护及本书编写工作得到了山东省、潍坊市、奎文区各级文物主管部门领导、专家们的大力支持，在此深表感谢。特别感谢山东大学历史文化学院刘家峰教授、山东建筑大学建筑城规学院教授邓庆坦的悉心指导及山东省文化和旅游厅原一级巡视员王廷琦同志、文物古迹处褚柏红处长、革命文物处高兆处长的大力支持。

本书在编写过程中得到了乐道院潍县集中营博物馆的大力帮助和配合，出版过程中得到山东大学出版社的大力支持，在此一并感谢。

由于作者学术水平有限，不妥及疏漏之处在所难免，敬请各位专家、读者指正。

孟令谦

2023 年 7 月